国家级一流本科专业建设成果教材

卓越工程师系列教材

化工原理实验

邵友元　主编

尹辉斌　李超　苗荣荣　朝洁　副主编

Experiments of
Chemical Engineering Principles

化学工业出版社

·北京·

内 容 简 介

《化工原理实验》是化工类专业卓越工程师教育培养计划实践类系列教材之一，也适合其他版本《化工原理》教材配套使用。通过化工原理实验既能使学生掌握典型单元操作的基本原理，又能使学生掌握处理工程问题的方法，在培养学生动手和运用知识能力方面的作用不可或缺。本书主要包括三部分内容，即实验数据误差分析、数据处理和实验部分。实验部分按基础实验、综合实验和创新实验三种类型共设计了 16 个实验，涵盖了化工原理的有关基础知识及典型单元操作。

《化工原理实验》注重理论与实践相结合，强调工程观点和实际能力的培养，注重学生综合素质的提高，可供高等院校应用化学、化工类和相关专业师生使用，也可作为化工、石油、制药、食品、环境工程等领域从事生产的技术人员的参考书。

图书在版编目（CIP）数据

化工原理实验/邵友元主编. —北京：化学工业出版社，2024.2
ISBN 978-7-122-44402-8

Ⅰ.①化… Ⅱ.①邵… Ⅲ.①化工原理-实验 Ⅳ.
①TQ02-33

中国国家版本馆 CIP 数据核字（2023）第 213067 号

责任编辑：马泽林 文字编辑：黄福芝
责任校对：李 爽 装帧设计：关 飞

出版发行：化学工业出版社
（北京市东城区青年湖南街 13 号 邮政编码 100011）
印   装：大厂聚鑫印刷有限责任公司
787mm×1092mm 1/16 印张 10½ 字数 243 千字
2024 年 4 月北京第 1 版第 1 次印刷

购书咨询：010-64518888 售后服务：010-64518899
网   址：http://www.cip.com.cn
凡购买本书，如有缺损质量问题，本社销售中心负责调换。

定   价：30.00 元 版权所有 违者必究

编写人员名单

主　编

邵友元

副主编

尹辉斌　李　超　苗荣荣　朝　洁

参编人员

（按姓氏笔画排序）

李永梅　杨宇辉　陈郁芬　罗舒雯

郑少娜　钟沛金　谢颂恒

前 言

化工原理实验是化工原理课程教学的一个组成部分，为了加强学生的实践与工程训练，提升学生的工程能力，多数高校现已独立设课。随着我国高校"卓越工程师教育培养计划"项目的深入实施，以及东莞理工学院应用化学专业被评为国家级一流本科专业，实验课程和其他实践教学环节的改革越来越受到重视，积极开展教学理念、教学方法、教学内容及教学条件的改革和提升，加快建设具有"基础、综合、提高、创新"功能的工程教学实验课程，培养理论基础扎实、专业知识综合运用能力强和创新素质良好的"工程型、复合型"化学化工专业技术人才，已经成为全国高校化工类专业人才培养的共同目标，教材建设也显得越来越重要。基于这一目标，东莞理工学院化学化工教学团队和化工原理课程教学团队共同组织编写了本实验教材。

本教材的编写注重如下几方面：

（1）注重实验内容的系统性。每个实验的教学内容主要由化工原理实验理论、实验操作和实验数据处理三部分构成。每个实验都给出一种实验数据处理示例，供学生参考，启发学生探讨更合适的或者不同的实验数据处理方法，培养学生"多思、爱思、善思"的习惯。

（2）注重教材内容循序渐进。从基础实验到综合实验，从演示实验到创新实验。本教材内容分为基础实验、综合实验和创新实验三个部分，共计 16 个实验，供不同学校、不同专业选择使用。设置综合实验的目的是培养学生解决复杂问题的综合能力，培养学生运用多个知识点、多种实验技能和方法开展综合性实验的能力。而创新实验的设置是在创新实验研究、探索过程中培养学生的创新意识和创新能力，在培养学生科学研究的基本素养基础上，激发学生对科学技术的好奇心和求知欲望，激励学生在科学研究的道路上不断地探索和创新。这些内容都是当今卓越工程师培养所需要的。

（3）在教材中设计了一章"化工原理实验数据误差分析"。通过学习，让学生了解到由于实验方法和设备的不完善、周围环境的影响，以及人的观察和测量程序的局限性，实验观测值与真实值总是存在一定的差异，学习如何评定实验数据的准确性或误差，认清误差的来源和影响，学会确定哪些因素是影响实验准确性的主要方面，从而在未来的实验中，进一步改进实验方案，减少实验观测值与真实值之间的差异，提高实验的准确性。

（4）内容比较完整、理论讲述简要、实用性强。每个实验后设置的思考题体现了该实验要注意的方面，也与课程的理论部分紧密联系。同时部分实验后配有数字资源，读者可扫码获取。希望本书能发挥"培根铸魂，启智增慧"的作用。

　　本教材是基于东莞理工学院化工原理教学团队十多年的实验教学经验的总结，编写过程中参考了天津大学开发的化工原理实验装置配套的实验操作指导书。教材编写成员具体分工如下：邵友元编写了第一章，第四章实验 4、实验 5，第五章实验 1、实验 6，第六章实验 1；朝洁编写了第三章，第四章实验 1、实验 2，第六章实验 2；苗荣荣编写了第四章实验 3、实验 6，第五章实验 4；李超编写了第二章，第五章实验 2；尹辉斌编写了第六章实验 3、实验 4；郑少娜编写了第五章实验 3；李永梅编写了第五章实验 5。杨宇辉、谢颂恒绘制了教材部分图片，罗舒雯、陈郁芬、钟沛金做了文字整理工作并提供了编写素材，邵友元对全书进行了统稿。在本教材出版之际，编者对化工原理教学团队何运兵博士、黄卫清博士、陈忠明博士、花开慧博士及其他成员作出的贡献表示由衷的感谢，对在本教材编写过程中所参考的文献作者和单位致以深切的谢意！

　　由于编者水平有限，疏漏之处在所难免，恳请广大读者批评指正。

编　者

目录

第一章
绪论

一、概述

  化工原理实验是化学化工类专业学生必修的实践性教学课程，是学习化工原理、了解和掌握化工单元设备必不可少的教学环节。本教材能满足化学工程与工艺、应用化学、环境工程、制药工程、煤化工、石油化工、生物工程、食品工程、制糖工程、轻化工程、安全工程以及装备与控制等专业的化工单元操作实验要求。化工原理实验课程与理论课、认识实习、课程设计等教学环节构成一个有机的整体。课程内容满足中国工程专业认证标准的要求，是培养多层次人才，特别是高层次复合型应用人才、卓越工程师的重要实践课程，多数高校将这门课程独立设课，体现了该课程的重要性。

  化工原理实验不同于其他化学类基础课程的实验，具有明显的工程特点，它属于工程实验的范畴。随着科技的发展，特别是信息化的广泛应用，化工单元过程的操作与控制随之发生了显著变化，相应地，对实验教学的内容和手段提出了更新的要求。本课程实验的主要目的在于学习分析和解决生产实际问题的方法和手段。就课程特点而言，本实验课程有以下主要特点：

  (1) 与生产实际的类似性。课程实验设备装置与生产实际设备装置类似。实验设备装置规模一般小于生产设备装置，如离心泵、板框过滤、套管式换热器、吸收塔、精馏塔、干燥装置等。另外，为了便于学生在做实验时能看到设备的内部结构，实验设备外壳一般都做成透明的或设计了观察窗口。进行化工原理实验操作场所是学生学习过程中的重要工程实训地，设备装置及场景类似于工厂实际，有利于学生了解和学习规模化生产设备的结构、操作及安装要求。学生可以通过化工原理实验进行化工生产实际操作训练和化工典型设备、管路安装检修过程实训，树立工程观点和提升工程知识、掌握实际化工生产的方法、熟悉并遵守安全操作规程，树立工业安全生产意识。

  (2) 过程与内容的复杂性。课程知识内容复杂，工程性强，涉及工艺设备的开车与停车、操作、控制、分析、计量等方面。实验过程的变量多、控制点多、物料流多，因而，对实验结果的影响因素极其复杂。实验结果不仅与实验方法、使用的物料有关，而且与实验装置的结构、流程、操作程序及控制条件等因素均相关，因而对学生的综合能力要求高。

（3）知识的应用性。实验数据处理基于化工原理课程中有关理论的应用，是课程理论学习的再认识和提高，是对化工原理课程知识的进一步巩固和提高。

（4）技术的工程性。本实验课程工程性强，每个实验都针对不同化工单元操作的工程实际应用，是对有关理论、过程规律的工程性演示或验证。本教材设计了若干实验，从演示实验到验证型实验，再到综合性实验、创新性提高实验，形成了全方位、系统化、多层次的工程能力培训和提升体系，提高学生分析问题、处理实际工程问题的能力，继而让学生建立初步的工程优化意识。通过化工原理实验，可以学习到一般工程实验的基本操作，了解各类操作参数的变化对化工过程带来的影响，熟悉化工单元操作中各种非正常操作现象产生的原因及处理方法，培养学生分析和解决实际工程问题的能力。

二、化工原理实验教学目的

本课程的教学目的主要有以下几点：

（1）加深对化工原理课程中基本概念、基本原理的理解。通过化工原理实验，可以使学生更进一步理解基本概念、基本理论，对公式中各种参数的来源及使用范围有更深入的认识。

（2）给学生提供了解与认识化工单元操作关键装备的机会。化工原理实验中的设备有其特殊性，多数设备设计成可透视型结构，如精馏塔、吸收塔，学生可以在实验中观察到塔内部结构及实验现象，加深对设备的了解，强化对实验现象的理解。

（3）让学生熟练掌握化工单元过程基本操作方法，全面了解化工单元操作的工艺流程与设备装置，培养基本动手能力和实验基本技能，培养合理设计实验方案、解决实验问题的能力，以及组织工程实验与数据处理能力。帮助学生掌握处理化工单元操作过程相关工程问题的实验方法，掌握用所学理论知识分析和解决实际工程问题的基本方法。

（4）培养学生实事求是、严肃认真的学习态度以及科学的思维方法，增强工程意识，提高自身素质水平。

（5）通过拓展性实验项目提升学生运用所学基本理论分析和解决实际工程问题的能力，培养学生的创新意识和创新能力，为后续课程的学习、科研创新活动的开展和专业素养的形成奠定良好基础。

三、化工原理实验总体教学要求

为了全面落实课程教学大纲，达到课程各实验教学目的，保障实验安全，顺利完成实验，学生应遵守如下要求。

1. 认真做好预实验工作，写好实验预习报告

预实验工作主要包括认真阅读实验指导书和有关参考资料，了解实验目的、实验内

容、实验原理、实验装置结构及流程、操作要点、注意事项及实验过程中所使用的检测仪器仪表与使用方法等内容，实验前写好预习报告。

2. 认真做好实验的组织与安排工作

在实验前一周，根据指导老师的安排完成实验的组织与安排工作。其主要内容有：

（1）分组（实验小组的人数以 3～4 人为宜），并选出实验小组组长；

（2）拟定小组的具体实验方案，包括实验方案的设计、实验操作的人员分工、实验数据记录的具体安排、完成实验操作的具体步骤、数据的检查与分析及实验准备工作的落实；

（3）确定实验的具体日期与时间，以及各小组的轮换顺序等。

3. 认真开展实验操作

在开展实验操作时，具体包括：

（1）切实按照实验小组预先制定的实验方案与步骤完成实验操作；

（2）认真细致地记录好实验原始数据；

（3）认真观察和分析实验过程中的各种操作因素对实验结果的影响；

（4）积极运用所学理论知识、过程的基本原理，防范实验过程中可能出现的各种设备与操作故障等；

（5）精心处理好实验数据，如果使用计算机处理实验数据，还必须给出一组手算示例；

（6）认真写好实验报告，撰写实验报告是实验教学的重要组成部分，也是培养学生独立思考、分析和解决生产实际问题能力的重要手段。独立完成实验报告是最基本的要求。

4. 实验记录及数据处理

（1）实验数据的记录　实验记录是处理、总结实验的依据。实验数据及实验过程中涉及的各种仪器装置的型号应及时、准确地记录下来，养成良好的实验记录习惯。实验记录时应按要求记在预习报告本上的原始记录表内，或记在与实验报告规格一致的原始记录纸上。实验过程中的各种测量数据及有关现象应及时、准确地记录下来。记录实验数据时须有严谨的科学态度，实事求是，绝不能随意拼凑和伪造数据。此外，应注意其有效数字，通常记录仪器、仪表的最小刻度位数加 1 位估计数为准，或与电脑显示的有效位数一致。实验中的每一个数据都是测量结果，所以，重复测量时即使数据完全相同，也应记录下来。在实验过程中，如果发现某数据读错、测错或算错需要改动时，可将该数据用一横线划去，并在其上方写上正确的数字。

（2）实验数据的处理　实验数据处理结果的好坏，体现了实验报告的质量和水平，在科研上也是如此。数据处理时有如下几点要求。

① 列表　把实验获得的大量数据按一定规律列表，以便于处理、运算。列表的基本要求是：每一张表都应有简明完整的名称；在表的每一行或每一列的第一栏，要详细地写出项目名称、单位等；每一列中数字排列要整齐，最好以小数点对齐，有效数字的位数要合理；原始数据可单独列表，也可与处理的结果一并列于一张表上。处理方法和引用的公

式在计算举例中应详细表达。

② 数据的取舍 除了已确认的由操作失误或仪器设备失常造成的异常数据外，即使某一数值偏差较大也不应随意舍弃。如果怀疑某一数据，应进行检验后再决定取舍。异常数据检验常用的方法有 t 检验法、Q 检验法、三倍标准误差判据及四倍算术平均误差判据等。

③ 作图 用图形表达实验结果，直观明了，如极大值、极小值、转折点等，还可利用图形求面积、作切线、进行内插和外推等。曲线图的应用示例有很多，常见的有以下三种：

a. 求外推值。例如，强电解质无限稀释溶液的摩尔电导率的值不能由实验直接测定，但可作图外推至浓度为 0 处，即得无限稀释溶液的摩尔电导率。

b. 求转折点或极值。例如，干燥速率曲线测定实验中测得的是湿物料质量随时间变化的数据，由此可计算并绘制出干燥速率曲线图（U-X 图），实验条件下物料的临界含水量就是恒速干燥段与降速干燥段交点（转折点）所对应的横坐标数值。

c. 求经验方程。例如，蒸汽-空气传热实验中欲求努塞尔数方程式（$Nu = ARe^m Pr^{0.4}$）中的系数 A 与雷诺数的指数 m，则测定并计算一系列不同空气流量下的 Re 值与 Nu 值，然后以 $\lg Nu$ 对 $\lg Re$ 作图，得到一条直线，由直线的截距和斜率可分别求出努塞尔数方程式中的系数 A 与雷诺数的指数 m 的值。

四、化工原理实验教学内容

化工原理实验教学内容主要由化工原理实验理论、实验操作和实验数据处理三部分构成。以下介绍实验理论及实验操作部分。

1. 实验理论

化工原理实验理论主要介绍化工原理实验的基本内容、基本原理、实验特点和要求、实验研究的方法论、实验数据误差分析及处理方法、实验数据测量技术等内容。

2. 实验操作

化工原理实验涵盖的基本内容如表 1-1 所示。实验又分基本操作实验和提高性操作实验，基本操作实验为基础实验，主要涉及化工原理理论课中讲述的典型和常用基本单元操作内容，要求学生熟练掌握这些单元操作的原理、方法和过程调控措施；提高性操作实验则涉及化工原理理论课中部分选修或自学内容以及一些新型单元操作技术，包括综合实验和创新实验培养学生独立开展科学研究工作的能力、创新能力及专业知识综合运用能力。

五、化工原理实验报告编写

化工原理实验不同于一般基础课实验，其实验原理、设备装置、操作程序、数据处理以及过程分析等，都比一般基础课实验要复杂得多，因此，要真正做好化工原理实验，并达到预期的实验效果，在实验之前必须认真完成实验预习报告，在实验完成后，认真写好

表 1-1 化工原理实验类型及内容

实验类型	实验内容
基础实验	实验 1　伯努利方程实验 实验 2　雷诺实验 实验 3　离心泵特性曲线测定实验 实验 4　板框过滤实验 实验 5　液-液萃取实验 实验 6　干燥速率曲线测定实验
综合实验	实验 1　传热综合实验 实验 2　吸收综合实验(氨-水吸收系统) 实验 3　吸收和解吸综合实验(二氧化碳-水吸收系统) 实验 4　精馏综合实验(乙醇-正丙醇溶液) 实验 5　精馏综合实验(乙醇-水混合物) 实验 6　膜分离实验
创新实验	实验 1　活性炭吸附联合恒压板框过滤实验 实验 2　微通道反应过程强化实验 实验 3　反应精馏实验 实验 4　水循环系统自组装实训

实验报告。实验操作的主要目的是培养学生的实际动手能力，而编写实验报告的主要目的则是培养学生分析和解决实际工程问题的能力。

1. 预习报告编写

实验预习报告主要包括以下内容：

（1）实验目的　通过实验应达到的基本目标；

（2）实验原理　包括实验理论原理、实验数据处理的主要公式、设备及结构、工艺流程等；

（3）实验操作步骤　根据实验要求，写出完成该实验的详细操作步骤和注意事项以及实验小组安排的详细实验操作分工情况；

（4）原始数据记录表　根据实验要求，自己动手设计用于记录实验原始数据的记录表。

2. 实验报告编写

实验报告是对所做实验获得的数据进行处理，从而获得相应实验结果、结论。通过实验报告，对实验操作过程中出现的各种实际工程问题进行分析和讨论，培养分析和解决实际工程问题的能力。撰写实验报告，是化工原理实验的重要组成部分。实验报告主要包括以下内容：

（1）实验目的、实验原理（同预习报告）

（2）实验流程　根据实验室现有装置的实际流程绘制出带控制点的工艺流程图；

（3）实验操作步骤与实验操作现象记录　记录实验操作实际情况和步骤，并简要地记述所观察到的实验现象；

（4）原始数据记录　记录实验原始数据；

（5）数据整理　对所记录的原始实验数据进行数学处理，分析实验现象和结果（含各种图、表、曲线和计算机程序等）；

（6）实验结果分析与问题讨论　运用所学的理论知识，完成实验数据的处理后，对实验结果进行分析、讨论，尤其是对各种非正常操作现象与事故的分析与讨论，力求全面、深入、细致、准确，使论点明确、论据充分，完成每个实验相应的思考题。

3. 报告编写的其他要求

在编写预习报告或实验报告时，还应注意以下几点：

（1）文字简洁、字迹工整、叙述清楚、文理通顺、图表清晰、内容完整；

（2）所有物理量都须采用国际标准单位；

（3）报告中所有计算公式都必须注明来源，所有引用资料都必须提供出处；

（4）实验预习报告应配置封面，并写明所在学院/系、专业、班级、学号、姓名，以及实验名称、实验时间、指导老师与同组成员姓名等内容；

（5）必须附上实验的原始数据记录表（须有指导老师的签字）。

思考题

1. 化工原理实验有哪些特点？与基础课程实验有哪些不同？

2. 如何做好化工原理实验？重点要注意什么？

3. 如何写好化工原理实验报告？重点要注意哪些方面？

第二章
化工原理实验数据误差分析

化工原理实验中涉及许多物理量、工艺参数的测量，如温度、压力、流量、功率、成分等，实验后还要进行数据处理，实验数据难免存在误差，如何进行误差分析，是化工原理实验要面对的问题。所谓误差，是指测量值与真实值之间的差异。任何测量结果都不可能绝对准确，误差是客观存在的，但通过它可以衡量检测结果的准确度，误差越小，则检测结果的准确度越高。同时，通过实验误差的分析，还能对日常检测工作进行质量控制。

一、实验误差的分类和判别方法

人们经常用绝对误差、相对误差或有效数字来说明近似值的准确性。为了评定实验数据的准确性或误差，认清误差的来源和影响，有必要对实验误差进行分析和讨论。从而确定哪些因素是影响实验准确性的主要方面，在未来的实验中，进一步改进实验方案，减少实验观测值与真实值之间的差异，提高实验的准确性。

测量是人类认识事物本质不可缺少的手段。通过测量和实验，人们可以得到事物的定量概念，发现事物的规律性。科学上的许多新发现和突破都是基于实验测量的。测量是用实验的方法，将被测量的物理量与选定为标准的相似量进行比较，以确定其大小。

1. 真值与平均值

真值是待测量的物理量客观存在的确定值，也称为理论值或定义值。通常，真值无法测量。如果实验中的测量次数是无限的，根据误差分布规律，正误差和负误差的概率是相等的，在仔细消除系统误差并平均测量值后，可以获得非常接近真实值的值。但事实上，实验测量的数量总是有限的，从有限的测量值中获得的平均值只能是近似的真实值。常用的平均值如下。

(1) 算术平均值　算术平均值是最常见的一种平均值。

设 x_1、x_2、$\cdots$、x_n 为各次测量值，n 代表测量次数，则算术平均值为：

$$\overline{x} = \frac{x_1 + x_2 + \cdots + x_n}{n} = \frac{\sum\limits_{i=1}^{n} x_i}{n} \tag{2-1}$$

（2）几何平均值　几何平均值是将一组 n 个测量值连乘并开 n 次方求得的平均值。即：

$$\overline{x}_几 = \sqrt[n]{x_1 x_2 \cdots x_n} \tag{2-2}$$

（3）均方根平均值

$$\overline{x}_均 = \sqrt{\frac{x_1^2 + x_2^2 + \cdots + x_n^2}{n}} = \sqrt{\frac{\sum\limits_{i=1}^{n} x_i^2}{n}} \tag{2-3}$$

（4）对数平均值　在化学反应、热量和质量传递中，其分布曲线多具有对数的特性，在这种情况下表征平均值常用对数平均值。

设两个量 x_1、x_2，其对数平均值为：

$$\overline{x}_对 = \frac{x_1 - x_2}{\ln x_1 - \ln x_2} = \frac{x_1 - x_2}{\ln \dfrac{x_1}{x_2}} \tag{2-4}$$

应指出，变量的对数平均值总小于算术平均值。当 $x_1/x_2 \leqslant 2$ 时，可以用算术平均值代替对数平均值。

当 $x_1/x_2 = 2$，$\overline{x}_对 = 1.443$，$\overline{x} = 1.50$，$(\overline{x}_对 - \overline{x})/\overline{x}_对 \approx -4.0\%$，即 $x_1/x_2 \leqslant 2$，引起的误差不超过 4.0%。

介绍以上各平均值的目的是要从一组测定值中找出最接近真值的那个值，需选择合适的平均值。在化工实验和科学研究中，数据的分布较多属于正态分布，所以通常采用算术平均值。

2. 误差的分类

根据误差的性质和产生的原因，一般分为三类。

（1）系统误差　系统误差是指在测量和实验中由未检测到或未确认的因素而引起的误差，这些因素的影响结果总是在一个方向上偏移，并且在同一组实验测量中，它们的大小和符号完全相同。一旦确定了实验条件，系统误差将获得一个目标常数值。当实验条件改变时，可以发现系统误差的变化规律。

系统误差产生的原因：测量仪器不良，如刻度不准确、仪器零点未修正或标准表本身存在偏差；周围环境的变化，如温度、压力、湿度等偏离校准值；由测试人员的习惯引起的错误或偏差，如低或高读数。针对仪器的缺点、外部条件变化的影响和个人习惯，分别进行校正后可以消除系统误差。

（2）偶然误差　在已消除系统误差的一切量值的观测中，所测量数据的最后一位或最后两位仍然不同，其绝对值和符号不时变化，从正到负，没有明确的规律。这种误差称为偶然误差或随机误差。偶然误差的原因未知，因此无法控制和补偿。然而，如果对某个值进行足够的等精度测量，就会发现偶然误差完全服从统计规律，误差的大小或正负发生完全由概率决定。因此，随着测量次数的增加，偶然误差的算术平均值接近零，多次测量结果的算术平均值将更接近真实值。

（3）过失误差　过失误差是显然与事实不符的误差。这通常是由实验人员的粗心大意、过度疲劳和操作不当造成的。这样的误差没有规律可循。只要实验人员增强责任心，提高警惕性，精心操作，过失误差是可以避免的。

3. 准确度（准度）和精密度（精度）

（1）准确度　测量值与真实值之间的偏差程度称为准确度（也称为准度）。它反映了系统误差的影响，准确度高意味着系统误差小。

（2）精密度　测量中测量值的再现性程度，称为精密度（也称为精度）。它反映了偶然误差的影响程度。精密度高意味着偶然误差小。

在一组测量中，精密度高的准确度不一定高，准确度高的精密度也不一定高。为了说明精密度和准确度之间的区别，可以使用下述靶子示例进行说明。如图 2-1 所示。

图 2-1（a）显示，如果精密度和准确度都很好，则准确度较高；图 2-1（b）显示精密度很好，但准确度不高；图 2-1（c）显示精密度和准确度都不好。在实际测量中，得不到像靶心一样明确的真值，而是设法去测定这个未知的真值。

在实验过程中，学生往往对实验数据的再现性感到满意，而忽略了测量数据的准确性。绝对真值未知，人们只能设定一些国际标准作为测量仪器精度的参考标准。随着人类认知运动的推移和发展，可以逐渐接近绝对真值。

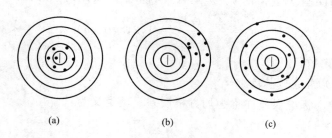

图 2-1　精密度和准确度的关系示意

4. 误差的表示方法

当使用任何测量工具或仪器进行测量时，总是存在误差，测量结果总不可能准确地等于真实值，而只能是其近似值。测量质量基于测量精度，测量精度根据测量误差进行估计。测量结果的误差越小，则认为测量就越准确。

（1）绝对误差　测量值 X 和真值 A_0 之差为绝对误差，通常称为误差。记为：

$$D = X - A_0 \tag{2-5}$$

由于真值 A_0 一般无法求得，因而上式只有理论意义。常用高一级标准仪器的示值作为实际值 A 以代替真值 A_0。由于高一级标准仪器存在较小的误差，因而 A 不等于 A_0，但比 X 更接近于 A_0。X 与 A 之差称为仪器的示值绝对误差。记为：

$$d = X - A \tag{2-6}$$

与 d 相反的数称为修正值，记为：

$$C = -d = A - X \tag{2-7}$$

通过检定，可以由高一级标准仪器给出被检仪器的修正值 C。利用修正值便可以求出该仪器的实际值 A。即：

$$A = X + C \tag{2-8}$$

（2）相对误差　衡量某一测量值的准确程度，一般用相对误差来表示。示值绝对误差 d 与被测量的实际值 A 的百分比称为实际相对误差。记为：

$$\delta_A = \frac{d}{A} \times 100\% \tag{2-9}$$

以仪器的示值 X 代替实际值 A 的相对误差称为示值相对误差。记为：

$$\delta_X = \frac{d}{X} \times 100\% \tag{2-10}$$

一般来说，除了某些理论分析外，用示值相对误差较为适宜。

（3）引用误差　为了计算和划分仪表精确度等级，提出引用误差概念。其定义为仪表示值的绝对误差与量程范围之比。

$$\delta_B = \frac{示值绝对误差}{量程范围} \times 100\% = \frac{d}{X_n} \times 100\% \tag{2-11}$$

式中　d——示值绝对误差；

$\quad$ X_n——标尺上限值－标尺下限值。

（4）算术平均误差　算术平均误差是各个测量点的误差的平均值。

$$\delta_{平} = \frac{\sum |d_i|}{n} (i = 1, 2, 3, \cdots, n) \tag{2-12}$$

式中　n——测量次数；

$\quad$ d_i——第 i 次测量的误差。

（5）标准误差　标准误差亦称为均方根误差。其定义为：

$$\sigma = \sqrt{\frac{\sum d_i^2}{n}} \tag{2-13}$$

上式适用于无限测量的场合。实际测量工作中，测量次数是有限的，则改用：

$$\sigma = \sqrt{\frac{\sum d_i^2}{n-1}} \tag{2-14}$$

标准误差不是一个具体的误差。标准误差的大小仅表示在一定条件下，每个测量值对其算术平均值的分散程度。如果该值较小，则表明每个测量值对其算术平均值的分散程度较小，且测量精度较高。相反，准确度就低。

原则上，在化工原理实验中，最常用的 U 形管差压计、转子流量计、秒表、量筒、电压表等仪器的最小刻度值为最大误差，最小刻度值的一半为绝对误差计算值。

5. 测量仪表精确度

测量仪表的精确等级是用最大引用误差（又称允许误差）来标明的。它等于仪表示值中的最大绝对误差与仪表的量程范围之比的百分数。

$$\delta_{max} = \frac{最大示值绝对误差}{量程范围} \times 100\% = \frac{d_{max}}{X_n} \times 100\% \tag{2-15}$$

式中　δ_{max}——仪表的最大引用误差；

$\quad\quad d_{max}$——仪表示值的最大绝对误差；

$\quad\quad X_n$——标尺上限值－标尺下限值。

通常情况下，标准仪表用于校准较低级别的仪器。因此，最大示值绝对误差是校准仪表和标准仪表之间的最大绝对误差。

测量仪表的精度等级由国家统一规定。把允许误差中的百分号去掉，剩下的数字称为仪表的精度等级。仪表的精度等级通常在仪器面板上用圆圈中的数字表示。例如，压力表的允许误差为1.5%时，本压力表的电气仪表精度等级为1.5级，通常称为1.5级仪表。

仪表的精度等级 a 表示仪表在正常工作条件下，其最大引用误差的绝对值 δ_{max} 不能超过的界限，即：

$$\delta_{max} = \frac{d_{max}}{X_n} \times 100\% \leqslant a\% \tag{2-16}$$

由式（2-16）可知，在应用仪表进行测量时所能产生的最大绝对误差（简称误差限）为：

$$d_{max} \leqslant a\% \times X_n \tag{2-17}$$

而用仪表测量的最大值相对误差为：

$$\delta_{max} = \frac{d_{max}}{X_n} \leqslant a\% \times \frac{X_n}{X} \tag{2-18}$$

从公式（2-18）可以看出，用仪表测量某一测量值所能产生的最大示值的相对误差不会超过仪器的允许误差 $a\%$ 乘以仪器的上限 X_n 与测量值 X 的比值。在实际测量中，为了可靠性，仪器的测量误差可通过式（2-19）估算，即：

$$\delta_m = a\% \times \frac{X_n}{X} \tag{2-19}$$

二、实验误差的估算和分析

在科学实验和工程中，测量或计算结果应该用几个有效数字来表示。并不是说一个数值小数点后的位数越多，它就越精确。在实验中，从测量仪表读取的数值的位数是有限的，这取决于测量仪表的精度，其最后一位数字通常是由仪表精度确定的估计数字。也就是说，通常应读取测量仪表最小刻度的十分之一。数值准确度大小由有效位数来决定。

（一）有效数字的记录

一个数据，其中除了起定位作用的"0"外，其他数字都是有效的数字。例如，0.0037有两位有效数字，而370.0则有四位有效数字。通常，测试数据的有效数字为4

位。应该指出的是，重要的数字不一定是可靠的数字。例如，用于测量流体阻力的 U 形管差压计的最小刻度为 1mm，但我们可以读取 0.1mm，例如 342.4mmHg。再比如，二级标准温度计的最小刻度为 0.1℃，我们可以读取 0.01℃，例如 15.16℃。此时，最后一位数字是可疑数字，最后一位数字被称为不可靠数字。记录测量值时，只保留一位可疑数字。

为了清楚地显示数值的精度，并清楚地读出有效位数，通常以索引的形式表示，也就是说，它被写为十进制数与相应的整数幂 10 的乘积。这种整数幂为 10 的计数方法称为科学记数法。

如 75200，有效数字为 4 位时，记为 7.520×10^4。

有效数字为 3 位时，记为 7.52×10^4。

有效数字为 2 位时，记为 7.5×10^4。

0.00478，有效数字为 4 位时，记为 4.780×10^{-3}。

有效数字为 3 位时，记为 4.78×10^{-3}。

有效数字为 2 位时，记为 4.8×10^{-3}。

（二）有效数字运算规则

（1）记录测量值时，只保留一位估读数字。

（2）当确定有效位数后，其余数字将被舍弃。舍弃方法是四舍五入，即如果最后一位有效数字后的第一个数字小于 5，则舍弃不计；如果大于或等于 5，则在前一位数字中增加 1。例如，保留 4 位有效数字

$$3.71729 \rightarrow 3.717$$
$$5.14285 \rightarrow 5.143$$
$$7.62356 \rightarrow 7.624$$
$$9.37656 \rightarrow 9.377$$

（3）在加减计算中，各数所保留的位数，应与各数中小数点后位数最少的相同。例如将 24.65、0.0082、1.632 三个数字相加时，应写为：

$$24.65 + 0.01 + 1.63 = 26.29$$

（4）在乘除运算中，各数所保留的位数，以各数中有效数字位数最少的那个数为准，其结果的有效数字位数亦应与原来各数中有效数字最少的那个数相同。例如：$0.0121 \times 25.64 \times 1.05782$ 应写成：

$$0.0121 \times 25.6 \times 1.06 = 0.328$$

上例说明，虽然这三个数的乘积为 0.3281823，但只取其积为 0.328。

（5）在对数计算中，所取对数位数应与真数有效数字位数相同。

（三）误差的基本性质

在化工原理实验中，相关参数数据通常通过直接测量或间接测量获得。这些参数数据的可靠程度如何？如何提高其可靠性？因此，有必要研究给定条件下误差的基本性质和变化规律。

1. 误差的正态分布

如果测量数值不包括系统误差和过失误差，则通过大量实验发现，偶然误差的大小具有以下特征：

（1）绝对值小的误差比绝对值大的误差有更多的机会，即误差的概率与误差的大小有关。这就是误差的单峰性。

（2）绝对值相等的正误差和负误差的次数是相当的，也就是说，误差的概率是相同的。这就是误差的对称性。

（3）极大的正误差或负误差的概率都非常小，也就是说，大误差一般不会出现。这就是误差的有界性。

（4）随着测量次数的增加，偶然误差的算术平均值趋于零。这被称为误差的低补偿性。

根据上述的误差特征，可疑误差出现的概率分布如图 2-2 所示。图中的横坐标表示偶然误差，纵坐标表示误差出现的概率。图中的曲线称为误差分布曲线，用 $y = f(x)$ 表示。数学表达式由高斯提出，具体形式为：

$$y = \frac{1}{\sqrt{2\pi}\sigma} e^{-\frac{x^2}{2\sigma^2}} \tag{2-20}$$

$$y = \frac{h}{\sqrt{\pi}} e^{-h^2 x^2} \tag{2-21}$$

上式称为高斯误差分布定律，亦称为误差方程。式中 σ 为标准误差，h 为精确度指数，σ 和 h 的关系为：

$$h = \frac{1}{\sqrt{2}\sigma} \tag{2-22}$$

若误差按函数关系分布，则称为正态分布。σ 越小，测量精度越高，分布曲线的峰越高且窄；σ 越大，分布曲线越平坦且越宽，如图 2-3 所示。由此可知，σ 越小，小误差占的比例越大，测量精度越高。反之，大误差占的比例越大，测量精度越低。

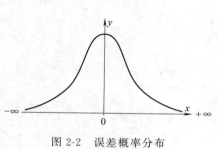

图 2-2 误差概率分布

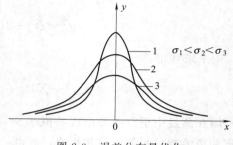

图 2-3 误差分布最优化

2. 测量集的最佳值

当测量精度相同的情况下，测量一系列观测值 M_1，M_2，M_3，$\cdots$，M_n 组成测量集合，假设其平均值为 M_m，则各次测量误差为：

$$x_i = M_i - M_m \quad i = 1、2、\cdots、n \tag{2-23}$$

当采用不同的方法计算平均值时，所得误差值不同，误差出现的概率也不相同。如果选择适当的计算方法，以最小化误差、最大化概率，则由此计算的平均值为最佳值。

根据高斯误差分布定律，每个点的误差平方和只有选择最小值，才能达到最大概率。从最小二乘法原理可以看出，对于具有相同精度的一组观测值，采用算术平均得到的值是该组观测值的最佳值。

3. 有限测量次数中标准误差 σ 的计算

根据误差的基本概念，误差是观测值与真实值之间的差值。在没有系统误差的情况下，无限次测量中获得的算术平均值被视为真值。当测量次数有限时，得到的算术平均值接近真值，称为最佳值。

令真值为 A，计算平均值为 a，观测值为 M，并令 $d = M - a$，$D = M - A$，则：

$$\sum d_i = \sum M_i - na$$
$$\sum D_i = \sum M_i - nA$$

因为 $\sum M_i - na = 0$，则 $\sum M_i = na$，

代入 $\sum D_i = \sum M_i - nA$ 中，即得：

$$a = A + \frac{\sum D_i}{n} \tag{2-24}$$

将式（2-24）代入 $d_i = M_i - a$ 中得：

$$d_i = (M_i - A) - \frac{\sum D_i}{n} = D_i - \frac{\sum D_i}{n} \tag{2-25}$$

将式（2-25）两边各平方得：

$$d_1^2 = D_1^2 - 2D_1 \frac{\sum D_i}{n} + \left(\frac{\sum D_i}{n}\right)^2$$

$$d_2^2 = D_2^2 - 2D_2 \frac{\sum D_i}{n} + \left(\frac{\sum D_i}{n}\right)^2$$

$$\cdots\cdots$$

$$d_n^2 = D_n^2 - 2D_n \frac{\sum D_i}{n} + \left(\frac{\sum D_i}{n}\right)^2$$

对 i 求和得：

$$\sum d_i^2 = \sum D_i^2 - 2 \frac{(\sum D_i)^2}{n} + n \left(\frac{\sum D_i}{n}\right)^2$$

因在测量中正负误差出现的概率相等，故将 $(\sum D_i)^2$ 展开后，D_1、D_2、D_3、$\cdots$中为正和负的数目相等，彼此相消，故得：

$$\sum d_i^2 = \sum D_i^2 - 2 \frac{\sum D_i^2}{n} + n \frac{\sum D_i^2}{n^2}$$

$$\sum d_i^2 = \frac{n-1}{n} \sum D_i^2$$

从上式可以看出，在有限测量次数中，由算术平均值计算的误差平方和永远小于由真值计算的误差平方和。根据标准误差的定义：

$$\sigma = \sqrt{\frac{\sum D_i^2}{n}} \tag{2-26}$$

式中 $\sum D_i^2$ 代表观测次数为无限多时误差的平方和，故当观测次数有限时：

$$\sigma = \sqrt{\frac{\sum d_i^2}{n-1}} \tag{2-27}$$

4. 异常观测值的舍弃

由概率积分知，随机误差正态分布曲线下的全部积分，相当于全部误差同时出现的概率，即：

$$P = \frac{1}{\sqrt{2\pi}\sigma} \int_{-\infty}^{\infty} \mathrm{e}^{-\frac{x^2}{2\sigma^2}} \mathrm{d}x = 1 \tag{2-28}$$

若误差 x 以标准误差 σ 的倍数表示，即 $x = t\sigma$，则在 $\pm t\sigma$ 范围内出现的概率为 $2\Phi(t)$，超出这个范围的概率为 $1-2\Phi(t)$。$\Phi(t)$ 称为概率函数，表示为：

$$\Phi(t) = \frac{1}{\sqrt{2\pi}} \int_0^t \mathrm{e}^{-\frac{t^2}{2}} \mathrm{d}t \tag{2-29}$$

$2\Phi(t)$ 与 t 的对应值在数学手册或专著中均附有此类积分表，读者需要时可自行查取。在使用积分表时，需已知 t 值，表 2-1 和图 2-4 给出几个典型及其相应的超出或不超出 $|x|$ 的概率。

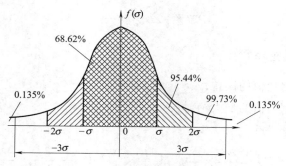

图 2-4　误差分布曲线的积分

表 2-1　误差概率和出现次数

t	$\|x\| = t\sigma$	不超出 $\|x\|$ 的概率 $2\Phi(t)$	超出 $\|x\|$ 的概率 $1-2\Phi(t)$	测量次数 n	超出 $\|x\|$ 的测量次数
0.67	0.67σ	0.49714	0.50286	2	1
1	1σ	0.68269	0.31731	3	1
2	2σ	0.95450	0.04550	22	1
3	3σ	0.99730	0.00270	370	1
4	4σ	0.99991	0.00009	11111	1

根据表 2-1，在 370 次测量中，当 $t=3$，$|x|=3\sigma$ 时，只有一次测量的误差超过 3σ 范围。在有限数量的观测中，测量次数一般不超过 10 次，误差可认为大于 3σ，可能是由疏

忽误差或未检测到的实验条件变化引起的。因此，如果误差大于3σ，则丢弃数据点。这种判断可疑实验数据的原则称为3σ准则。

5. 函数误差

上述讨论主要关于直接测量的误差计算，但在许多场合下，往往涉及间接测量的变量。所谓间接测量是指通过直接测量的量与根据函数测量的量之间存在一定的函数关系，如传热问题中的传热速率。因此，间接测量值是通过直接测量获得的每个测量值的函数。测量误差是每个测量值误差的函数。

（1）函数误差的一般形式

在间接测量中，一般为多元函数，而多元函数可用下式表示：

$$y = f(x_1, x_2, \cdots, x_n) \tag{2-30}$$

式中 y——间接测量值；

x_i——直接测量值。

由泰勒级数展开得：

$$\Delta y = \frac{\partial f}{\partial x_1}\Delta x_1 + \frac{\partial f}{\partial x_2}\Delta x_2 + \cdots + \frac{\partial f}{\partial x_n}\Delta x_n \tag{2-31}$$

或

$$\Delta y = \sum_{i=1}^{n} \frac{\partial f}{\partial x_i}\Delta x_i$$

它的最大绝对误差为：

$$\Delta y = \left| \sum_{i=1}^{n} \frac{\partial f}{\partial x_i}\Delta x_i \right| \tag{2-32}$$

式中 $\dfrac{\partial f}{\partial x_i}$——误差传递系数；

Δx_i——直接测量值的误差；

Δy——间接测量值的最大绝对误差。

函数的相对误差 δ 为：

$$\delta = \frac{\Delta y}{y} = \frac{\partial f}{\partial x_1} \times \frac{\Delta x_1}{y} + \frac{\partial f}{\partial x_2} \times \frac{\Delta x_2}{y} + \cdots + \frac{\partial f}{\partial x_n} \times \frac{\Delta x_n}{y}$$
$$= \frac{\partial f}{\partial x_1}\delta_1 + \frac{\partial f}{\partial x_2}\delta_2 + \cdots + \frac{\partial f}{\partial x_n}\delta_n \tag{2-33}$$

（2）某些函数误差的计算

① 函数 $y = x \pm z$ 绝对误差和相对误差

由于误差传递系数

$$\frac{\partial f}{\partial x} = 1, \quad \frac{\partial f}{\partial z} = \pm 1$$

则函数最大绝对误差

$$\Delta y = \pm(\Delta|x| + \Delta|z|) \tag{2-34}$$

相对误差

$$\delta_r = \frac{\Delta y}{y} = \pm \frac{|\Delta x| + |\Delta z|}{x + z} \qquad (2\text{-}35)$$

② 函数形式为

$$y = K\frac{xz}{w}$$

式中，x、z、w 为变量。

误差传递系数为：

$$\frac{\partial y}{\partial x} = \frac{Kz}{w}$$

$$\frac{\partial y}{\partial z} = \frac{Kx}{w}$$

$$\frac{\partial y}{\partial w} = -\frac{Kxz}{w^2}$$

函数的最大绝对误差为：

$$\Delta y = \left|\frac{Kz}{w}\Delta x\right| + \left|\frac{Kx}{w}\Delta z\right| + \left|\frac{Kxz}{w^2}\Delta w\right| \qquad (2\text{-}36)$$

函数的最大相对误差为：

$$\delta_r = \frac{\Delta y}{y} = \left|\frac{\Delta x}{x}\right| + \left|\frac{\Delta z}{z}\right| + \left|\frac{\Delta w}{w}\right| \qquad (2\text{-}37)$$

现将某些常用函数的最大绝对误差和最大相对误差列于表 2-2 中。

表 2-2　部分函数的误差传递公式

函数式	误差传递公式	
	最大绝对误差 Δy	最大相对误差 δ_r
$y = x_1 + x_2 + x_3$	$\Delta y = \pm(\lvert\Delta x_1\rvert + \lvert\Delta x_2\rvert + \lvert\Delta x_3\rvert)$	$\delta_r = \Delta y / y$
$y = x_1 + x_2$	$\Delta y = \pm(\lvert\Delta x_1\rvert + \lvert\Delta x_2\rvert)$	$\delta_r = \Delta y / y$
$y = x_1 x_2$	$\Delta y = \pm(\lvert x_1\Delta x_2\rvert + \lvert x_2\Delta x_1\rvert)$	$\delta_r = \pm\left(\left\lvert\dfrac{\Delta x_1}{x_1} + \dfrac{\Delta x_2}{x_2}\right\rvert\right)$
$y = x_1 x_2 x_3$	$\Delta y = \pm(\lvert x_1 x_2\Delta x_3\rvert + \lvert x_1 x_3\Delta x_2\rvert + \lvert x_2 x_3\Delta x_1\rvert)$	$\delta_r = \pm\left(\left\lvert\dfrac{\Delta x_1}{x_1} + \dfrac{\Delta x_2}{x_2} + \dfrac{\Delta x_3}{x_3}\right\rvert\right)$
$y = x^n$	$\Delta y = \pm(nx^{n-1}\Delta x)$	$\delta_r = \pm\left(n\left\lvert\dfrac{\Delta x}{x}\right\rvert\right)$
$y = \sqrt[n]{x}$	$\Delta y = \pm\left(\dfrac{1}{n}x^{\frac{1}{n}-1}\Delta x\right)$	$\delta_r = \pm\left(\dfrac{1}{n}\left\lvert\dfrac{\Delta x}{x}\right\rvert\right)$
$y = x_1 / x_2$	$\Delta y = \pm\left(\dfrac{x_2\Delta x_1 + x_1\Delta x_2}{x_2^2}\right)$	$\delta_r = \pm\left(\left\lvert\dfrac{\Delta x_1}{x_1} + \dfrac{\Delta x_2}{x_2}\right\rvert\right)$
$y = cx$	$\Delta y = \pm\lvert c\Delta x\rvert$	$\delta_r = \pm\left(\left\lvert\dfrac{\Delta x}{x}\right\rvert\right)$
$y = \lg x$	$\Delta y = \pm\left\lvert 0.4343\dfrac{\Delta x}{x}\right\rvert$	$\delta_r = \Delta y / y$
$y = \ln x$	$\Delta y = \pm\left\lvert\dfrac{\Delta x}{x}\right\rvert$	$\delta_r = \Delta y / y$

1. 什么是有效数字？请举例说明。
2. 什么是仪器的精度？什么叫测量误差？二者的关系与区别是什么？
3. 什么叫绝对误差？什么叫相对误差？

第三章
化工原理实验研究方法及数据处理

一、化工原理实验研究方法

在长期的发展过程中，逐步形成的化工原理实验研究方法主要有：直接实验法、量纲分析法和数学模型法。

1. 直接实验法

直接实验法是解决工程实际问题最基本的方法。这种方法得到的结果比较可靠，但是具有较大的局限性，一般只能用于条件相同的情况。例如物料干燥，已知物料的湿分，利用空气作干燥介质，在空气温度、湿度和流量一定的条件下，直接实验测定干燥时间和物料失水量，可以作该物料的干燥曲线。如果物料和干燥条件不同，所得干燥曲线也不同。

为研究多变量影响的工程问题的过程规律，用网格法实验测定，即依次固定其他变量，改变某一个变量测定目标值。如果变量数为 m 个，每个变量改变条件数为 n 次，按照这种方法规划实验，所需实验次数为 n^m 次。若按这种方法组织实验，所需实验数目非常庞大，难以实现。所以实验需要在一定理论指导下进行，以减少工作量，并使得到的结果具有普遍性。

2. 量纲分析法

量纲分析法是在化学工程实验研究中广泛使用的一种方法。量纲分析法的基础是量纲一致性原则。白金汉（E. Buckinghan）提出的著名 π 定理指出：任何物理方程必可转化为无量纲形式，即可用无量纲数群关系式代替原来的物理方程，无量纲数群的个数等于原方程的变量数减去基本量纲数。根据 π 定理，可将多变量函数整理为无量纲数群函数，然后通过实验归纳出算图或特征数关系式，减少实验工作量的同时又可将实验结果应用于工程设计和计算中。

例如流体在管内流动的阻力和摩擦系数关联式是利用量纲分析法和实验而得出的。由实验可知：流体在管内作湍流流动时出现的压力降 Δp 与流体流过的管径 d、管长 l、平均流速 u、流体的密度 ρ、流体的黏度 μ 及管壁粗糙度 ε 有关。写成隐函数关系式为：

$$\Delta p = f(d, l, u, \rho, \mu, \varepsilon) \tag{3-1}$$

将该隐函数改写成幂函数的形式为：

$$\Delta p = K d^a l^b u^c \rho^d \mu^e \varepsilon^f \tag{3-2}$$

根据量纲一致性原则，上式中各物理量的幂指数虽然是未知的，但方程右侧的量纲与 Δp 的量纲相同。在公式（3-1）中，包含 Δp 在内，变量数 $n=7$，表示这些物理量的基本量纲 $m=3$（质量 M、长度 L 和时间 θ），根据 π 定理，组成的无量纲数群的数目为 $N=n-m=4$。通过量纲分析，将变量无量纲化，则公式（3-2）中的各物理量的量纲分别为：

$$\Delta p = [ML^{-1}\theta^2] \qquad d = l = [L] \qquad u = [L\theta^{-1}]$$
$$\rho = [ML^{-3}] \qquad \mu = [ML^{-1}\theta^{-1}] \qquad \varepsilon = [L]$$

将各物理量的量纲代入公式（3-2），则可转化为：

$$ML^{-1}\theta^{-2} = K L^a L^b (L\theta^{-1})^c (ML^{-3})^d (ML^{-1}\theta^{-1})^e L^f$$

根据量纲一致性原则，上式左右两边各基本量的量纲的指数相等，可得如下 3 个方程组：

对基本量纲 M $d + e = 1$

对基本量纲 L $a + b + c - 3d - e - f = -1$

对基本量纲 θ $-c - e = -2$

上述方程组包含 3 个方程和 6 个未知数，设用其中三个未知数 b、e、f 来表示 a、c、d，解此方程组。可得：

$$\begin{cases} a = -b - c + 3d + e - f - 1 \\ d = 1 - e \\ c = 2 - e \end{cases} \quad , \quad 即 \quad \begin{cases} a = -b - e - f \\ d = 1 - e \\ c = 2 - e \end{cases}$$

将解得的 a、c、d 代入方程（3-2）可得：

$$\Delta p = K d^{-b-e-f} l^b u^{2-e} \rho^{1-e} \mu^e \varepsilon^f \tag{3-3}$$

将指数相同的各物理量归并在一起得：

$$\frac{\Delta p}{u^2 \rho} = K \left(\frac{l}{d}\right)^b \left(\frac{du\rho}{\mu}\right)^{-e} \left(\frac{\varepsilon}{d}\right)^f \tag{3-4}$$

$$\Delta p = 2K \left(\frac{l}{d}\right)^b \left(\frac{du\rho}{\mu}\right)^{-e} \left(\frac{\varepsilon}{d}\right)^f \left(\frac{u^2 \rho}{2}\right) \tag{3-5}$$

将此式与计算流体在管内摩擦阻力的公式相比较：

$$\Delta p = \lambda \frac{l}{d} \left(\frac{u^2 \rho}{2}\right) \tag{3-6}$$

整理得到研究摩擦系数 λ 的关系式：

$$\lambda = 2K \left(\frac{du\rho}{\mu}\right)^{-e} \left(\frac{\varepsilon}{d}\right)^f \tag{3-7}$$

或

$$\lambda = \Phi \left(Re \, \frac{\varepsilon}{d}\right) \tag{3-8}$$

由以上分析可以看出，在量纲分析法的指导下，可将一个复杂的多变量管内流动阻力的计算问题，简化为摩擦系数 λ 的研究和确定。它是建立在正确判断过程影响因素的基础上，进行逻辑加工而归纳出的数群。以上示例只能得出 λ 是 Re 与 ε/d 的函数，而它们之间的具体形式，还需要靠实验来获得。

3. 数学模型法

数学模型法是近二十年产生、发展和日趋成熟的方法，然而该方法的基本要素在化工原理各单元中早已得到应用，只是没有上升到模型方法的高度。数学模型法是在对研究的问题有充分认识的基础上，将复杂问题作合理简化，提出一个近似实际过程的物理模型，并用数学方程（如微分方程）表示成数学模型，然后确定该方程的初始条件和边界条件，求解方程，最后通过实验对数学模型的合理性进行检验并测定模型参数。电子计算机的出现使得数学模型法得到迅速发展，成为化学工程研究中的强有力工具。这不仅没有削弱实验环节的作用，反而对工程实验提出了更高的要求。一个新的、合理的数学模型，往往是在观察现象的基础上，或对实验数据进行充分分析研究后提出的，新的模型必然引入一定程度的近似和简化，或引入一定参数，这一切都有待于实验进一步修正、校核和检验。

以求取流体通过固定床的压降为例。固定床中颗粒间的空隙形成许多可供流体通过的细小通道，这些通道是曲折且互相交联的。同时，这些通道的截面和形状不规则，流体通过如此复杂的通道时的压降很难进行理论计算，但我们可以用数学模型法来解决。

（1）物理模型

流体通过颗粒层的流动是无特定方向的流动，单位体积床层所具有的表面积对流动阻力有决定性作用。为解决压降问题，可保证在单位体积表面积相等的前提下，将颗粒层内的实际流动过程作如下简化，使之可以用数学方程式加以描述：将床层中的不规则通道简化成长度为 L_e 的一组平行细管，并规定细管的内表面积等于床层颗粒的全部表面积，且细管的全部流动空间等于颗粒床层的空隙容积。根据这一假定，可以求得这些虚拟细管的当量直径 d_e：

$$d_e = \frac{4 \times 通道的截面积}{润湿周边} \tag{3-9}$$

分子、分母同乘 L_e，则可得：

$$d_e = \frac{4 \times 床层的流动空间}{细管的全部内表面积} \tag{3-10}$$

以 $1m^3$ 床层体积为基准，则床层的流动空间为 ε，每 $1m^3$ 床层的颗粒表面积即为床层的比表面积 α_B，因此：

$$d_e = \frac{4\varepsilon}{\alpha_B} = \frac{4\varepsilon}{\alpha(1-\varepsilon)} \tag{3-11}$$

按此简化的物理模型，流体通过固定床的压降即可等同于流体通过一组当量直径为 d_e、长度为 L_e 的细管的压降。

（2）数学模型

上述简化的物理模型，已将流体通过具有复杂几何边界的床层的压降简化为通过均匀圆管的压降。对此，可用现有的理论作如下数学描述：

$$h_f = \frac{\Delta p}{\rho} = \lambda \frac{L_e}{d_e} \times \frac{u_1^2}{2} \tag{3-12}$$

式中 u_1 为流体在细管内的流速，u_1 可取为实际填充床中颗粒空隙间的流速，它与空床流速（表观流速）u 的关系为：

$$u = \varepsilon u_1 \tag{3-13}$$

将公式（3-11）、式（3-13）代入公式（3-12）得：

$$\frac{\Delta p}{L} = \left(\lambda \frac{L_e}{8L} \right) \frac{(1-\varepsilon)\alpha}{\varepsilon^3} \rho u^2 \tag{3-14}$$

细管长度 L_e 与实际长度 L 不等，但可以认为 L_e 与实际床层高度成正比，即 $L_e/L =$ 常数，并将其并入摩擦系数中，于是：

$$\frac{\Delta p}{L} = \lambda' \frac{(1-\varepsilon)\alpha}{\varepsilon^3} \rho u^2 \tag{3-15}$$

式中，$\lambda' = \frac{\lambda}{8} \times \frac{L_e}{L}$。

上式即为流体通过固定床压降的数学模型，其中包括一个未知的待定系数 λ'。λ' 称为模型参数，就其物理意义而言，也可称为固定床的流动摩擦系数。

（3）模型的检验和模型参数的估值

上述床层的简化处理只是一种假定，其有效性必须经过实验检验，其中的模型参数 λ' 亦必须由实验测定。

二、化工原理实验数据处理

通过实验获得系统的实验数据往往只完成了整个实验任务流程的一半，更重要的是对实验数据进行下一步的分析和总结。对获得的实验数据进行处理，其主要目的是通过数据处理，获得实验中各变量之间的关系，以便进一步分析实验现象和总结其中的规律，进而对科学研究和生产实际提供重要指导和帮助。

化工原理实验中最常见的数据处理方法有列表法、图示法和函数法。

1. 列表法

用列表法整理实验数据时，需要根据实验内容预先设计好记录及处理表格。实验记录表既可以单独拟定，将其与整理计算数据表分开，也可以与整理计算数据表合并到一起，制作成综合表格，可视实际情况进行选择。

在拟定记录表格时应注意以下几点：

（1）表格名称应简明、完整，列出实验时间、地点、操作者及同组成员姓名。

（2）测量物理量的名称、符号和单位应在测量表的表头中标明，且单位不宜和数据混写在一起。

（3）记录的实验数据位数应当与所用实验仪器的有效数字位数一致，不可过多或过少，且同一项目栏中的有效数字的位数也应保持一致。

（4）对于数值很大或很小的物理量，可以采用科学记数法来表示，在数据栏中记数时便简单许多。例如物理量的实际值＝340000＝3.4×10^5，在表头中记为物理量的符号$\times 10^5$，则数据栏中可记为3.4。但后续进行数据处理时需要根据表头进行数据变换，避免造成较大误差。

（5）如果设计的表格是综合表格，要注意原始数据、中间计算数据和实验结果的排列顺序。按照常规，一般应由左至右或由上至下，按实验原始数据、中间计算数据和实验结果的次序排列，以便能够清晰地记录和整理实验数据。

（6）数据书写要整洁，不得潦草，如果出现书写错误，宜用单线将错误的地方划掉，并将正确内容写在其下方。

以雷诺实验为例，其实验数据表的格式见表 3-1。

表 3-1　雷诺实验数据表

序号	流量/(L/h)	流速/(m/s)	雷诺特征数 Re	观察现象	流型
1	80	0.0513	1230	直线	层流
2	120	0.0769	1844	直线，但略有波动	层流
3	240	0.1538	3687	直线变为扰动的曲线，并有扩散趋势	湍流、过渡流
4	480	0.3076	7376	剧烈波动，看不清轨迹	湍流

当实验数据较少时，比较适合采用列表法来表示，但当实验中的数据较多时，列表法就难以直观、形象地表示各物理量的变化趋势。

2. 图示法

在实验数据较多时，图示法可以显现出独特的优势，它可以将离散的实验数据或计算结果用直线或曲线连结起来，从而清晰直观地反映出实验中因变量和自变量之间的关系。根据线型，很容易看出数据中的极值点、转折点、周期性、变化率及其他特性，还可直接比较不同实验条件下的实验结果。

图 3-1 是将雷诺实验中细缝流量计读数与水在管内流速的实验数据采用图示法来表示的结果。图中曲线十分直观地表示了流速随细缝流量计读数的变化趋势。

图示法的主要步骤如下。

（1）坐标系的选择　采用图示法描述实验结果时，最为关键的是选用合适的坐标系，常用的坐标系有直角坐标系（笛卡尔坐标系）、半对数坐标系和双对数坐标系。各坐标系的选用应遵循下列原则：

① 直角坐标系　当变量关系为 $y = ax + b$(a，b 为常数）时应选用直角坐标系。图 3-1 即为实验数据在直角坐标系中作图得到的结果。

② 双对数坐标系　当变量关系为 $y = mx^n$(m，n 为常数）时应选用双对数坐

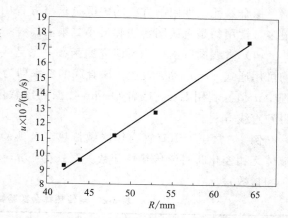

图 3-1　细缝流量计的流量曲线

标系。将变量关系式两边取对数，原变量关系可改写为 $\lg y = \lg m + n \lg x$。因此，$\lg y$ 与 $\lg x$ 满足线性关系，将坐标对数化处理后，避免了在直角坐标系中先将 x、y 取对数计算

后再绘图的不便。对数坐标以 lg1 为原点，lg10 为 1，lg100 为 2，lg1000 为 3，⋯，一个数量级之间的距离相等，而坐标上以真数 1，10，100，1000，⋯进行标度，因此对数坐标以真数 x，y 直接绘图。但必须注意的是对数坐标不能自取分度值，而只能平移数量级。

③ 半对数坐标系　当变量关系为 $y = m10^{nx}$（m，n 为常数）时应选用半对数坐标系。将原变量关系式两边取对数，原变量关系改写为 $\lg y = \lg m + nx$，说明 $\lg y \sim x$ 满足线性关系，因此采用一个对数化的坐标轴而另一个仍为直角坐标轴的半对数坐标系，作图时变量 y 选择对数坐标，变量 x 选用直角坐标。

（2）其他必须注意的事项

① 图线光滑。利用绘图软件将离散的数据点连接成光滑的曲线，需要使曲线尽可能多地通过实验数据点，或者使曲线外的点尽可能多地位于曲线附近，使曲线两侧的数据点数量大致相等。

② 合适的分度。坐标分度的选择要反映出实验数据的有效数字位数，即与被标数值精确度保持一致且易于读取。分度值取得太细会放大误差，从而掩盖了实验结果的变化规律，而分度值取得太粗则会压缩曲线，也不能正确显示实验结果的变化规律。

③ 定量绘制的坐标图，其坐标轴上必须标明该坐标所代表的变量名称、符号及所用的单位。

④ 不同线上的数据点可以用不同的符号表示，且必须在图上明显的位置标注出来。

3. 函数法

当一组实验数据用列表法和图示法表示后，时常还需进一步用数学方程来描述各个参数和变量之间的关系，以便电脑计算。具体做法：将实验中得到的数据绘制成曲线，并与已知函数关系式的直线方程、指数方程等典型曲线方程相对照，选出最适当的方程，同时求出方程中的常数和系数，即得其相应的经验公式。最简单、常用并具有代表性的是一元线性回归方程。

拟合一元线性回归方程的关键是求出方程中的常数和系数（也称回归系数），其解法很多，常用的是直线图解法和最小二乘法。

（1）直线图解法　当所研究的函数关系是线性的或可用直线化方法化为线性方程时，均可用通式 $y = a + bx$ 表达。该直线的斜率即为方程中 b 值，直线在 y 轴上的截距即为方程中 a 值。利用 Excel 或者 Origin 数据处理软件对呈线性关系的数据进行拟合，很容易得到直线方程。

例 1　常压下用套管换热器做传热综合实验，将测得的数据处理后列于表 3-2。已知流体无相变化时对流传热特征数关联式为 $Nu = CRe^m Pr^{0.4}$，试用直线法确定式中的常数 C 和指数 m。

表 3-2　某传热综合实验数据整理表（节选）

序号	1	2	3	4	5	6	7	8	9
$\lg Re$	4.31	4.39	4.45	4.50	4.54	4.57	4.59	4.62	4.62
$\lg\left(\dfrac{Nu}{Pr^{0.4}}\right)$	1.72	1.78	1.83	1.87	1.89	1.91	1.93	1.95	1.95

解： 利用 Origin 数据处理软件对表 3-2 中的数据作图，见图 3-2。

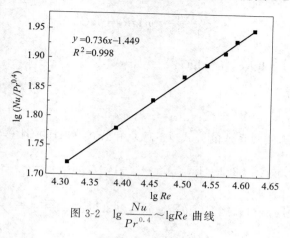

图 3-2 $\lg \dfrac{Nu}{Pr^{0.4}} \sim \lg Re$ 曲线

得直线拟合方程：

$$\lg \frac{Nu}{Pr^{0.4}} = 0.736 \lg Re - 1.449$$

斜率 0.736，即：$m = 0.736$；截距 -1.449，得 $C = 0.0356$。

从而获得流体无相变化时对流传热特征数关联式的一般形式为：

$$Nu = 0.0356 Re^{0.736} Pr^{0.4}$$

（2）最小二乘法　实际上实验偏差总是有"正"有"负"，数据处理时正、负可能抵消而使数值偏差变小，夸大实验精度。但偏差的平方和为正值，若所有偏差的平方和为最小，也即各偏差为最小，此即最小二乘法原理。据此，一组实验数据的最理想曲线就是能使各点与曲线的偏差的平方和为最小的曲线。

$$(\Delta y_i)^2 = (y_i - y_i')^2 = [y_i - (a + bx_i)]^2$$

求得最佳值的条件是：

$$\sum (\Delta y_i)^2 = \sum [y_i - (a + bx_i)]^2 \to 0 \tag{3-16}$$

式中，x_i、y_i 均是已知数，根据数学上的极值原理，公式（3-16）分别对 a 和 b 的偏微分同时为 0 时，$\sum (\Delta y_i)^2$ 为最小且可求出 a 和 b 值，这就是最小二乘法。即：

$$\frac{\partial \left[\sum (\Delta y_i)^2 \right]}{\partial a} = -2 \sum [y_i - (a + bx_i)] = 0$$

$$\sum y_i = na + b \sum x_i \tag{3-17}$$

$$a = \overline{y} - b\overline{x} \tag{3-17a}$$

$$\frac{\partial \left[\sum (\Delta y_i)^2 \right]}{\partial b} = -2 \sum x_i [y_i - (a + bx_i)] = 0$$

$$\sum x_i y_i = a \sum x_i + b \sum x_i^2 \tag{3-18}$$

公式（3-17）和式（3-18）即最小二乘法求直线方程中常数 a 和系数 b（a 和 b 也称为回归系数）时的通式。由此二式可导出：

$$b = \frac{n \sum x_i y_i - \sum x_i \sum y_i}{n \sum x_i^2 - (\sum x_i)^2} = \frac{\sum x_i y_i - n\overline{xy}}{\sum x_i^2 - n\overline{x}^2} \tag{3-19}$$

例 2 以例 1 中传热实验数据为例，试用最小二乘法确定式中的常数 C 和指数 m。

解：将努塞尔数关联式 $Nu = CRe^{m}Pr^{0.4}$ 两边取对数，整理得：

$$\lg \frac{Nu}{Pr^{0.4}} = m \lg Re + \lg C$$

令 $y = \lg \dfrac{Nu}{Pr^{0.4}}$，$x = \lg Re$，$a = \lg C$

则得直线方程：

$$y = a + mx$$

按最小二乘法计算回归系数的公式（3-17）和公式（3-19）计算出：

$$\sum x_i = 40.59,\ \sum x_i^2 = 183.1541,\ (\sum x_i)^2 = 1647.5481,\ \frac{\sum x_i}{n} = 4.51$$

$$\sum y_i = 16.83,\ \sum y_i^2 = 31.5227,\ (\sum y_i)^2 = 283.2489,\ \frac{\sum y_i}{n} = 1.87$$

$$\sum x_i y_i = 75.9719$$

$$m = \frac{n \sum x_i y_i - \sum x_i \sum y_i}{n \sum x_i^2 - (\sum x_i)^2} = 0.74$$

$$a = \overline{y} - m\overline{x} = 1.87 - 0.74 \times 4.51 = -1.51$$

$$C = 10^{-1.51} = 0.03$$

从而获得流体无相变化时对流传热特征数关联式的一般形式为：

$$Nu = 0.03Re^{0.74}Pr^{0.4}$$

通过最小二乘法得到的计算结果与直线法得到的结果基本一致。

4. 相关系数 r 及显著性检验

（1）相关系数 r 实验数据的变量之间的关系具有不确定性。一个变量的每一个值对应的是整个集合值（即整个数据组）。当变量 x 改变时，变量 y 的分布也以一定的方式改变。在这种情况下，变量 x 和 y 之间的关系就称为相关关系。

在求回归方程的计算过程中，并不需要先假定两个变量之间一定具有相关关系。但只有两个变量是线性相关关系时才适宜线性回归，否则毫无意义。因此，必须有一个定量指标来描述两个变量之间线性关系的密切程度，该统计量就叫作相关系数 r，由 $|r|$ 值的大小即可判断两个变量之间的线性相关的密切程度，称为显著性检验，又称回归合理性检验。

由概率理论可证明，任意两个随机变量的相关系数的绝对值不大于 1。即：

$$|r| \leqslant 1 \tag{3-20}$$

r 的几何意义如图 3-3 所示，现分 3 组，共 6 种情况加以说明。

① 当 $r = \pm 1$ 时，即 n 组实验值 (x_i, y_i) 全部落在直线 $y = a + bx$ 上，此时称 x 和 y 完全线性相关。当 $r = 1$ 时，称为完全正相关，当 $r = -1$ 时，称为完全负相关。如图 3-3（a）和图 3-3（b）所示。

② 当 $r = 0$ 时，变量之间完全没有线性关系，但可能存在其他函数关系，也可能完全没有关系。如图 3-3（c）和图 3-3（d）所示。

③ 当 $0 < |r| < 1$ 时，代表绝大多数的情况，这时 x 与 y 之间存在着一定的线性关系。

当 $r>0$，$b>0$ 时，y 随 x 的增大而增大，此时称 x 与 y 正相关；当 $r<0$，$b<0$ 时，y 随 x 增大而减少，称 x 与 y 负相关。$|r|$ 越小，数据点离回归线越远，越分散。当 $|r|$ 越接近 1 时，数据点越靠近直线 $y=a+bx$，变量 y 与 x 之间的关系越接近线性关系。如图 3-3（e）和图 3-3（f）所示。

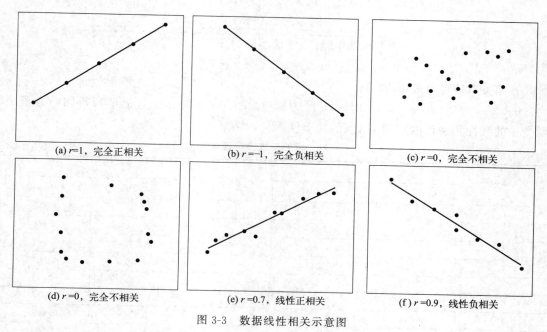

图 3-3　数据线性相关示意图

（2）显著性检验　如上所述，相关系数 r 的绝对值越接近 1，则 x 与 y 之间线性相关程度越密切。但究竟 $|r|$ 与 1 接近到何种程度才表明 x 与 y 之间存在线性相关关系呢？这就有必要对相关系数进行显著性检验。只有当 $|r|$ 达到一定程度才可用回归直线来近似地表示 x、y 之间的关系，此时可以说两变量线性相关显著。因此，只有 $|r| \geqslant r_{min}$ 时，才能采用线性回归方程来描述两变量之间的关系。当 $|r| < r_{min}$ 时，回归直线、回归方程均毫无意义。一般来说，相关系数 r 达到使两变量线性相关显著的值与实验数据点的个数 n 有关。r_{min} 值可由相关系数检验表查得。利用该表可根据实验数据点的个数 n 及显著性水平 α 查出相应的 r_{min} 值。通常取 $\alpha = 1\%$ 或 $\alpha = 5\%$。

若检验发现两变量线性相关不显著，可改用其他线性化数学公式重新进行回归和检验。当可利用多个数学公式进行回归和比较时，$|r|$ 大者为优。r 的计算公式为：

$$r = \frac{\sum x_i y_i - n\overline{x}\overline{y}}{\sqrt{(\sum x_i^2 - n\overline{x}^2)(\sum y_i^2 - n\overline{y}^2)}}$$

$$= \frac{n\sum x_i y_i - \sum x_i \sum y_i}{\sqrt{[n\sum x_i^2 - (\sum x_i)^2][n\sum y_i^2 - (\sum y_i)^2]}} \qquad (3\text{-}21)$$

当取 $\alpha = 0.05$ 时，$r > r_{min}$，表示该线性相关关系达到 $\alpha = 5\%$ 的显著性水平；当取 $\alpha = 0.01$ 时，$r > r_{min}$，表示该线性相关关系达到 $\alpha = 1\%$ 的显著性水平。α 越小，线性相关显著程度越高。

例 3　例 2 中利用最小二乘法得到了回归直线方程 $y = -1.51 + 0.74x$，试检验其线性相关的显著性。

解：将例2中相关数据代入相关系数 r 的计算公式：

$$r = \frac{n\sum x_i y_i - \sum x_i \sum y_i}{\sqrt{\left[n\sum x_i^2 - (\sum x_i)^2\right]\left[n\sum y_i^2 - (\sum y_i)^2\right]}}$$

$$= \frac{9 \times 75.9719 - 40.59 \times 16.83}{\sqrt{\left[9 \times 183.1541 - (40.59)^2\right]\left[9 \times 31.5227 - (16.83)^2\right]}}$$

$$\approx 0.999$$

查相关系数检验表可得：

$n-2 = 9-2 = 7$，$\alpha = 0.01$ 时，$r_{min} = 0.798$，$r = 0.999 > r_{min}$，表明所得回归方程中两变量的线性相关程度达到了 1% 的显著性水平，结果可信。

附：相关系数检验表

$n-2$	r_{min}		$n-2$	r_{min}	
	$\alpha = 0.05$	$\alpha = 0.01$		$\alpha = 0.05$	$\alpha = 0.01$
1	0.997	1.000	20	0.423	0.537
2	0.950	0.990	21	0.413	0.526
3	0.878	0.959	22	0.404	0.515
4	0.811	0.917	23	0.396	0.505
5	0.755	0.875	24	0.388	0.496
6	0.707	0.834	25	0.381	0.487
7	0.666	0.798	26	0.374	0.478
8	0.632	0.765	28	0.361	0.463
9	0.602	0.735	30	0.349	0.449
10	0.576	0.708	35	0.325	0.418
11	0.553	0.684	40	0.304	0.393
12	0.532	0.661	45	0.288	0.372
13	0.514	0.641	50	0.273	0.354
14	0.497	0.623	65	0.250	0.325
15	0.482	0.606	70	0.232	0.302
16	0.468	0.590	80	0.217	0.283
17	0.456	0.575	90	0.205	0.267
18	0.444	0.561	100	0.195	0.254
19	0.433	0.549	200	0.138	0.181

■■■■ **思考题** ■■■■

1. 数学模型与实验环节的关系是什么？在化工实验过程中有哪些意义？
2. 化工原理实验中，哪些实验数据绘图时适合选用对数坐标系？
3. 显著性检验的意义是什么？

第四章
化工原理基础实验

实验 1　伯努利方程实验

　　化工生产中，流体的输送多使用管路系统。因此研究流体在管内的流动现象与规律是化学工程中的一个重要内容。质量守恒定律和能量守恒定律是研究流体力学性质的基本出发点。流动的流体具有三种机械能：位能、动能和静压能。这三种能量可以互相转换。根据能量守恒定律，管路系统中任意两个截面之间，在没有摩擦阻力损失且不输入外功的情况下，单位质量或重量的流体在稳定流动中流过各截面上的机械能总和是相等的。对实际不可压缩流体来说，由于内摩擦力的存在，流体流动过程中总有一部分机械能因摩擦和碰撞而损失。在有摩擦而没有外功输入时，管道系统中任意两截面间机械能之差即为流体的阻力损失。

一、实验目的

　　1. 研究流体各种形式能量之间的关系及转换，加深对能量转换概念的理解。
　　2. 深入了解伯努利方程的几何意义。

二、实验原理

　　在流体流动过程中，用带小孔的测压管测量管路中流体各点的能量变化。机械能可用测压管中液柱的高度来表示，取任意两测试点，列出能量衡算式：

$$Z_1 g + \frac{u_1^2}{2} + \frac{p_1}{\rho} = Z_2 g + \frac{u_2^2}{2} + \frac{p_2}{\rho} + \sum h_f \tag{1}$$

式中　$Z_1 g$、$Z_2 g$——流体具有的位能，J/kg；

　　　　$u_1^2 / 2$、$u_2^2 / 2$——流体具有的动能，J/kg；

p_1/ρ、p_2/ρ——流体具有的静压能，J/kg；

$\sum h_{\mathrm{f}}$——流体在流经 1、2 两截面过程中的阻力损失，J/kg。

局部摩擦阻力损失的计算公式为：

$$h_{\mathrm{f}} = \zeta \frac{u^2}{2} \tag{2}$$

式中 u——小管中的流速。

突然扩大时，即流体从小管径管道流进大管径管道时，ζ 的计算公式为：

$$\zeta = \left(1 - \frac{A_1}{A_2}\right)^2 \tag{3}$$

式中 A_1、A_2——小、大管径管道的横截面积。

突然缩小时，即流体从大管径管道流进小管径管道时，ζ 的计算公式为：

$$\zeta = 0.5\left(1 - \frac{A_2}{A_1}\right)^2 \tag{4}$$

式中 A_1、A_2——大、小管径管道的横截面积。

对于水平测试管，由于 $Z_1 = Z_2$，则式（1）可写为：

$$\frac{u_1^2}{2} + \frac{p_1}{\rho} = \frac{u_2^2}{2} + \frac{p_2}{\rho} + \sum h_{\mathrm{f}} \tag{5}$$

若 $u_1 = u_2$，$\sum h_{\mathrm{f}} \neq 0$，则 $p_2 < p_1$；此时，若不考虑阻力损失，即 $\sum h_{\mathrm{f}} = 0$，则 $p_1 = p_2$；在静止状态下，即 $u_1 = u_2 = 0$ 时，$p_1 = p_2$。

三、实验设备与装置

1. 实验装置

以天津大学开发生产的化工原理实验设备为例。

实验装置流程如图 1、图 2 所示。主要由实验导管、高低位槽、离心泵和测压管几部分组成，实验导管为有机玻璃管，其上装有测压管、变径段等，其中 A 截面的直径为 14mm；B 截面的直径为 28mm；C 截面、D 截面的直径为 14mm。以 D 截面中心线为零基准面（即标尺为 -308mm）$Z_D = 0$。以 D 截面为基准面，则 A、B、C 截面相对位高分别为：$Z_A = Z_B = Z_C = 115$mm。

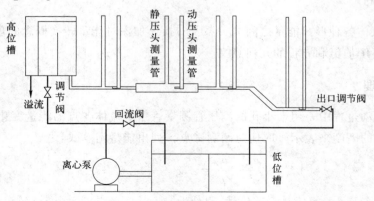

图 1　能量转换流程示意图

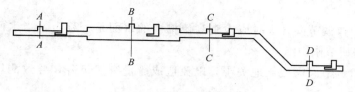

图 2　实验导管结构图

2. 实验流程

水由离心泵输送经调节阀进入实验导管，在管中因截面大小不同而引起的静压头变化由测压管指示，出口调节阀用于控制流量大小，从实验导管流出的水返回水槽中循环使用。

四、实验方法与步骤

1. 实验方法

（1）观察静止流体、流动流体的机械能分布及其转换现象，比较实验导管内流体静止和稳定流动时玻璃管（测压管，也称单管测压计）内液柱高度的变化。

（2）在稳态流动条件下，分别测定各测压管的液位高度，通过计算比较流体经各管件后的压头损失和流体经各管件后的机械能变化情况。

2. 实验步骤

（1）向低位槽灌一定数量的自来水，关闭离心泵出口调节阀及实验导管出口调节阀，而后启动离心泵，将水打入高位槽中。

（2）逐步开大离心泵出口调节阀，当高位槽溢流管有液体溢流后，调节导管出口调节阀为全开位置。

（3）流体稳定后读取 A、B、C、D 截面静压头和冲（动）压头并记录数据。

（4）关小导管出口调节阀，观察并记录各测压管读数的变化情况。注意改变流量后，需给予系统一定的稳流时间，流动稳定后方可读取数据。

（5）关闭离心泵，全开出口调节阀，排尽系统内水，实验结束。

（6）分析讨论流体流过不同位置处的能量转换关系并得出结果。

五、实验要求

1. 根据能量守恒与转化的原理及装置条件确定实验项目，并拟定实验流程。

2. 实验前预习实验内容，包括熟悉实验目的、实验原理和实验装置，了解各仪表的使用方法和数据采集器。

3. 实验前完成实验预习报告，经指导老师审核同意后方可开始实验。

4. 按照实验操作规程要求和实验步骤进行实验，获取完整、准确实验数据。所有实验数据经指导老师审核同意后方可停止实验。

5. 注意实验安全、实验室卫生和课堂纪律，不得在实验期间大声喧哗、打闹，所有物品按要求摆放整齐。

6. 整理、分析、处理实验数据，撰写实验报告，实验报告每人一份。

六、操作注意事项

1. 不要将离心泵出口调节阀开得过大以免使水流冲击到高位槽外面，同时导致高位槽液面不稳定。

2. 当导管出口调节阀开大时应检查高位槽内的水面是否稳定，当水面下降时应适当开大离心泵出口调节阀。

3. 导管出口调节阀需缓慢地关小，以免造成流量突然下降，导致测压管中的水溢出管外。

4. 离心泵不要空转和在出口阀门全关的条件下工作。

5. 若长期停用装置，全系统均应作排空处理，以防止沉积尘土或滋生微生物而堵塞测压管。

6. 每次实验开始前，均需先清洗整个管路系统，排尽尘埃。操作前先使管内流体流动数分钟，检查阀门、管段有无堵塞或漏水情况，同时排尽系统内的气泡。

七、实验结果与数据处理

1. 实验原始数据记录

将不同截面处测得的实验数据记录于表 1。

表 1　伯努利方程实验数据记录表

实验导管出口开度位置（mmH$_2$O 柱）	A 截面				B 截面				C 截面				D 截面			
	静压头	冲压头	位压头	总压头	静压头	冲压头	位压头	总压头	静压头	冲压头	位压头	总压头	静压头	冲压头	位压头	总压头
全开标尺读数																
以 D 截面为 0 基准面读数																
半开标尺读数																
以 D 截面为 0 基准面读数																
全关标尺读数																
以 D 截面为 0 基准面读数																

静止液体静压能：

$p_A =$ _____；　　　　$p_C =$ _____。

2. 实验数据处理及结果

（1）计算位压头和总压头并记录于表 1。

（2）绘制总压头与流量的关系曲线。

八、思考题

1. 管内的空气泡会干扰实验现象，请问怎样排除？

2. 在实验装置正常运转时，慢慢关小出口调节阀，各测压管内液柱高度有何变化？这种现象说明了什么？

3. 试分析流体由测量点 A 流经测量点 D 时机械能之间的转换关系。

4. 静压头测量管和动压头测量管分别测量什么？它们分别利用了什么原理？动压头测量的速度是什么速度？（是点速度还是平均速度）

九、实验数据处理示例

1. 实验原始数据记录

伯努利方程实验的原始数据记录于表2。

表2 伯努利方程实验原始数据及数据处理结果　　　　　　　　单位：mm

实验导管出口开度位置（mmH₂O柱）	A 截面				B 截面				C 截面				D 截面			
	静压头	冲压头	位压头	总压头	静压头	冲压头	位压头	总压头	静压头	冲压头	位压头	总压头	静压头	冲压头	位压头	总压头
全开标尺读数	205	261	0	466	170	150	0	320	100	160	0	260	210	160	−115	255
以 D 截面为基准的读数	205	261	115	581	170	150	115	435	100	160	115	375	210	160	0	370
半开标尺读数	237	276	0	513	180	178	0	358	120	185	0	305	232	185	−115	302
以 D 截面为基准面读数	237	276	115	628	180	178	115	473	120	185	115	420	232	185	0	417
全关标尺读数	A、B、C、D 水截面在同一高度															
以 D 截面为基准面读数																

2. 实验数据处理（以 A 截面为例）

已知伯努利方程为：

$$Zg + \frac{p}{\rho} + \frac{u^2}{2} = 常数$$

将公式中各项均除以重力加速度 g，则得：

$$Z + \frac{p}{\rho g} + \frac{u^2}{2g} = 常数$$

式中　Z——位压头；

$p/(\rho g)$——静压头；

$u^2/(2g)$——冲压头。

位压头、静压头和冲压头之和为总压头，且其量纲都是长度。

将各实验数据分别进行计算，计算结果填入表2。

（1）全开标尺读数（以 A 截面为例）：静压头测量管读数为 205mm，则静压头＝205mm；动压头测量管读数为 261mm，则冲压头＝261mm；位压头＝0mm。

此时，总压头＝静压头＋动压头＋位压头＝466mm。

以 D 截面为 0 基准面的读数：静压头测量管读数为 205mm，则静压头＝205mm；动压头测量管读数为 261mm，则冲压头＝261mm；由于 A 截面和 D 截面的距离为 115mm，所以位压头＝115mm。

此时，总压头＝静压头＋动压头＋位压头＝581mm。

（2）半开标尺的计算方法同全开标尺，计算结果列于表2。

（3）全关标尺读数：由于此时所有截面受到的压力为大气压，因此 A、B、C、D 四个截面在同一高度，B、C、D 截面数据处理方法同截面 A，计算结果列于表2。

（4）静止液体静压能：$p_A = \rho g h = 1000 \times 9.81 \times 205 \times 10^{-3} = 2011$（Pa）

$$p_C = \rho g h = 1000 \times 9.81 \times 100 \times 10^{-3} = 981 \text{ (Pa)}$$

（5）以 A、B 截面为例，以 D 截面为基准面，全开标尺时单位质量流体的机械能为：

$$E_A = Z_A g + \frac{u_A^2}{2} + \frac{p_A}{\rho} = \left(Z_A + \frac{u_A^2}{2g} + \frac{p_A}{\rho g} \right) g = 0.581 \times 9.81 \approx 5.70 \text{ (J/kg)}$$

$$E_B = Z_B g + \frac{u_B^2}{2} + \frac{p_B}{\rho} = \left(Z_B + \frac{u_B^2}{2g} + \frac{p_B}{\rho g} \right) g = 0.435 \times 9.81 \approx 4.27 \text{ (J/kg)}$$

当流体由 A 截面流入 B 截面时：

$$\zeta = \left(1 - \frac{A_1}{A_2} \right)^2 = \left(1 - \frac{0.000154}{0.000615} \right)^2 \approx 0.563$$

$$\sum h_f = \zeta \frac{u^2}{2} = 0.563 \times 0.261 \times 9.81 \approx 1.44 \text{ (J/kg)}$$

由计算结果可知：$E_A \approx E_B + \sum h_f$，说明当流体从 A 截面流经 B 截面时，两个截面处单位质量流体的机械能守恒。由于 A、B 截面处于同一水平面上，因此两截面处的位能相等，即其位压头相等，但是静压头和冲压头发生了变化，意味着流体的静压能和动能发生了变化，这说明在 A、B 两截面处发生了能量的转化。

（6）绘制总压头与流量曲线。以 D 截面为 0 基准面数据为例作图，见图 3：

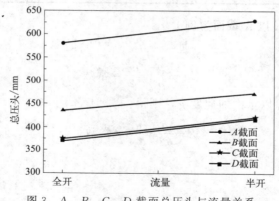

图 3 A、B、C、D 截面总压头与流量关系

注：图 3 中全开、半开两种工况下总压头的计算均不含压头损失。

实验 2 雷 诺 实 验

在化学工程领域中，雷诺特征数（又称雷诺数）在研究流体流动、热量传递、质量传递等方面的理论和解决工程实际问题中都发挥着重要的作用。1883 年，雷诺（Reynolds）做了一系列经典实验，力求找到流体流动由层流状态过渡到湍流状态所需的条件。雷诺揭示了重要的流体流动机理，即根据流速的大小，流体有两种不同的形态。当流体流速较小时，流体质点只沿流动方向做一维运动，与其周围的流体间无宏观的混合，即分层流动，这种流动形态称为层流或滞流。流体流速增大到某个值后，流体质点除在流动方向上的流动外，还向其他方向做随机运动，即存在流体质点的不规则脉动，这种流体形态称为湍流或紊流。雷诺实验的贡献不仅在于发现了两种流态，还在于运用量纲分析的原理，得到了量纲为一的判据——雷诺数 Re，使问题得以简化。

一、实验目的

1. 观察流体流动时的层流和湍流现象，建立对层流和湍流两种流动类型的直观感性认识。
2. 观测雷诺数与流体流动类型的相互关系。
3. 观察层流中流体质点的速度分布。

二、实验原理

流体流动有两种不同的流动形态，即层流和湍流。流体作层流流动时，其流体质点做平行于管轴的直线运动，且在径向无脉动；流体作湍流流动时，其流体质点除沿管轴方向做向前运动外，还在径向作脉动，从而在宏观上显示出紊乱地向各个方向做不规则的运动。

层流和湍流产生的原因可简述为：当液体流速较小时，质点惯性力较小，黏滞力对质点起控制作用，使各流层的液体质点互不混杂，液流呈层流运动。当液体流速逐渐增大时，质点惯性力也逐渐增大，黏滞力对质点的控制逐渐减弱，当流速达到一定程度时，各流层的液体形成涡体并脱离原流层，此时液流质点互相混杂，液流呈湍流流动。这种从层流到湍流的运动状态反映了液流内部结构从量变到质变的变化过程。

雷诺用实验方法研究流体流动时，发现影响流动类型的因素除流速外，还有管径（或当量管径）、流体的密度及黏度，由此四个物理量组成的无量纲数群可用来表征流体的流动情况。为纪念雷诺，该无量纲数群被命名为雷诺数，又称雷诺特征数，记作 Re。Re 值是判定流体流动类型的一个标准。经实验归纳得知流体在圆形管中流动时雷诺特征数 Re 的计算公式为：

$$Re = \frac{du\rho}{\mu}$$

式中　d——管道内径，m；

　　　u——流速，m/s；

　　　ρ——流体密度，kg/m^3；

　　　μ——流体黏度，Pa·s。

$Re \leqslant 2000$ 时为层流；$Re \geqslant 4000$ 时为湍流；$2000 < Re < 4000$ 时为过渡区，在此区间流型可能表现为层流，也可能表现为湍流，或者二者交替出现，视外界干扰而定，一般称这一雷诺数范围为过渡区。

从雷诺数的定义式来看，对同一套装置，d 为定值，故 u 仅为流量的函数。对于流体水来说，ρ、μ 几乎仅为温度的函数。因此确定了温度及流量，即可求出雷诺数。本实验通过改变流体在管内的流速，观察在不同雷诺数下流体的流动形态。

注意：雷诺实验对外界环境要求较高，要求减少外界干扰，严格要求应在有避免震动设施的房间内进行。如果条件不具备，演示实验也可以在一般房间内进行。外界干扰及管道粗细不均匀等原因，导致层流的雷诺数上界达不到 2000，只能达到 1600 左右。

在雷诺实验装置中，通过示踪剂（红黑水）的质点运动可以将两种稳定流型的根本区别清晰地反映出来。层流时红墨水与水互不干扰，成一条线流动，不与水相混。湍流时有大小不等的涡体振荡于各流层之间，红墨水与水混旋，分不出界限。值得注意的是，在层流和湍流之间的过渡流是一种不稳定的流动形态，需要细心观察。

三、实验设备与装置

实验装置如图 1。液面保持一定高度的水箱与玻璃测管相连，水箱上放有颜色水瓶，通过出口阀调节流量，孔板流量计测定流量。

实验管道有效长度 $L = 600\text{mm}$，外径 $D_o = 30\text{mm}$，内径 $D_i = 23.5\text{mm}$，孔板流量计孔板内径 $d_o = 9.0\text{mm}$。

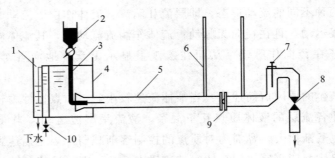

图 1　雷诺实验装置

1—溢流管；2—红色墨水储瓶；3—细管；4—水箱；5—水平玻璃管；6—压差计；7—温度计；8—出口阀门；
9—孔板流量计；10—上水管进水阀

四、实验方法与步骤

1. 实验前的准备工作

（1）必要时调整细管针头的位置，使它处于实验管道的中心线上。

（2）向红色墨水储瓶 2 中加入适量稀释过的红色墨水。

（3）关闭出口阀门 8，打开上水管进水阀 10，使自来水充满水槽，并使其有一定的溢流量。

（4）轻轻打开阀门 8，让流体水缓慢流过实验管道，并使红色墨水全部充满细管道中。

2. 雷诺实验过程

（1）调节进水阀，维持尽可能小的溢流量。

（2）缓慢地打开红色墨水流量调节夹，即可看到当前水流量下实验管内水的流动状况，层流流动如图 2（a）所示。测取此时流量并计算出雷诺特征数。

（3）因进水和溢流造成的震动，有时会使实验管道中的红色墨水流束偏离管的中心线，或发生不同程度的左右摆动。为此，可突然暂时关闭上水管进水阀 10，稍后即可看到实验管道中出现与管中心线重合的红色直线。

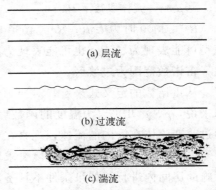

(a) 层流

(b) 过渡流

(c) 湍流

图 2　流动示意图

（4）增大进水阀 10 的开度，在维持尽可能小的溢流量的情况下提高水的流量。并根据实际情况适当调整红色墨水流量，即可观测其他各种流量下实验管内的流动状况。为部分消除进水和溢流造成的震动影响，在滞流和过渡流状况的每一种流量下均可突然暂时关闭进水阀 10，然后观察管内水的流动状况，过渡流、湍流流动如图 2（b）、图 2（c）所示。测取此时流量并计算出雷诺特征数。

3. 流体在圆管内作层流时流体速度分布演示实验

（1）首先将进水阀 10 打开，关闭出口阀门 8。

（2）将红色墨水流量调节夹打开，使红色墨水滴落在不流动的实验管路。

（3）突然打开出口阀门 8，在实验管路中可以清晰地看到红色墨水流动所形成的如图 3 所示速度分布。

4. 实验结束时的操作

（1）关闭红色墨水流量调节夹，使红色墨水停止流动。

（2）关闭进水阀 10，使自来水停止流入水槽。

（3）待实验管道的红色消失时，关闭阀门 8。

（4）若日后较长时间不用，请将装置内各处的存水放净。

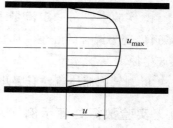

图 3　流速分布示意图

五、实验要求

1. 根据雷诺实验的基本原理及装置条件确定实验内容，并拟定实验流程。

2. 实验前预习实验内容，包括熟悉实验目的、实验原理和实验装置，了解各仪表的使用方法和数据采集器。

3. 实验前完成实验预习报告，经指导老师审核同意后方可开始实验。

4. 按照实验操作规程要求和实验步骤进行实验，获取完整、准确的实验数据。所有实验数据经指导老师审核同意后方可停止实验。

5. 注意实验安全、实验室卫生和课堂纪律，不得在实验期间大声喧哗、打闹，所有物品按要求摆放整齐。

6. 整理、分析、处理实验数据，撰写实验报告，实验报告每人一份。

六、操作注意事项

层流时，为了使层流状况能较快地形成，而且能够保持稳定，第一，水槽的溢流应尽可能小。因为溢流大时，上水的流量也大，上水和溢流两者造成的震动都比较大，影响实验结果。第二，应尽量不要人为地使实验架产生任何的震动。为减小震动，若条件允许，可对实验架的底面进行固定。

七、实验结果与数据处理

1. 实验原始数据记录

将实验测得的数据填写于表 1。

2. 实验数据处理及结果

依据实验测得的实验数据计算雷诺特征数 Re，判断流体流动形态，与实验观察到的现象进行比较分析。

表 1 雷诺实验原始数据及数据处理结果 （温度：___℃）

序号	流量/(L/h)	流速/(m/s)	雷诺特征数 Re	观察现象	流型
1					
2					
3					
4					

八、思考题

1. 实验中，在一定流量下，如果管道中红色指示液不是直线，甚至红色线条消失（管道内变为混合的红色液体），而该条件下测得的雷诺特征数小于 2000，请分析实验结果产生原因。

2. 圆管内流体流动有哪几种流动状态？它们的特点如何？结合实验现象说明。

九、实验数据处理示例

1. 实验原始数据记录

雷诺实验的原始实验数据记录于表 2。

表 2 雷诺实验原始数据及数据处理结果 （温度：21℃；管径：23.5mm）

序号	流量/(L/h)	流速/(m/s)	雷诺特征数 Re	观察现象	流型
1	80	0.0513	1230	直线	层流
2	120	0.0769	1844	直线	层流
3	240	0.1538	3687	直线变为扰动的曲线，略有波动并有扩散趋势	过渡流
4	480	0.3076	7376	剧烈波动,看不清轨迹	湍流

2. 实验数据处理 （以流量为 80L/h 的实验结果为例）

已知雷诺特征数的计算公式为：

$$Re = \frac{du\rho}{\mu}$$

其中，水的密度为 1000kg/m³，水在 21℃ 下的黏度为 0.00098Pa·s。

以流量为 80L/h 的实验结果为例，计算该流量下的雷诺特征数：

$$u = \frac{q_V}{A} = \frac{\frac{80}{3600} \times 10^{-3}}{3.14 \times \left(\frac{23.5 \times 10^{-3}}{2}\right)^2} \approx 0.0513 \ (\text{m/s})$$

$$Re = \frac{du\rho}{\mu} = \frac{23.5 \times 10^{-3} \times 0.0513 \times 1000}{0.00098} \approx 1230$$

流量为 120L/h、240L/h、480L/h 时的雷诺特征数计算方法同上，将所有计算结果列于表 2。

实验 3 离心泵特性曲线测定实验

离心泵是液体输送的常用机械，其结构简单、流量容易调节且功能种类齐全，在化工、食品、制药、石油等行业有着广泛的应用。离心泵在特定管路中工作时所表现的性能参数不仅与流体自身的性质、管路特性有关，还与离心泵的性能有关。针对流量对离心泵性能影响的实验探究，能获得离心泵性能参数和工作点位置，通过测定离心泵特性曲线，可以帮助工程技术人员系统了解泵的特性，对离心泵的选型、安全使用和提高泵的效率具有重要意义。

一、实验目的

1. 了解离心泵结构与特性，熟悉离心泵的操作。
2. 掌握离心泵在一定转速下的特性曲线测定方法。

二、实验原理

1. 离心泵特性曲线

离心泵是化工生产中最常见的一种液体输送设备，而离心泵的特性曲线是选择和使用离心泵的重要依据之一，其特性曲线是在一定的型号和转速下，泵的一些特性参数如扬程 H、轴功率 N 及效率 η 与泵的流量 Q 之间的关系曲线，它是流体在泵内流动规律的宏观表现形式。由于泵的内部流动情况复杂，不能用理论方法推导出泵的特性关系曲线，只能依靠实验测定。通过实验测定 $H \sim Q$、$N \sim Q$ 及 $\eta \sim Q$ 关系，可为选择泵和确定泵的适宜操作条件提供重要依据。

离心泵的特性曲线常常由其制造商在出厂前提供，但该特性曲线一般是在一定的转速和大气压力下，在室温下以清水为介质测定的。在实际化工生产中，输送的液体种类繁多，其性质（如密度、黏度等）不同，泵的性能也会发生变化，此时，制造商所提供的特性曲线将不再适用。此外，改变泵的转速或叶轮直径也会改变泵的性能。因此，在实际使用时应根据不同介质对特性曲线进行重新测定和校准。

泵特性曲线的具体测定方法如下。

（1）扬程 H 的测定与计算 离心泵的吸入口真空表和压出口压力表之间机械能守恒方程为：

$$Z_{入} + \frac{p_{入}}{\rho g} + \frac{u^2_{入}}{2g} + H = Z_{出} + \frac{p_{出}}{\rho g} + \frac{u^2_{出}}{2g} + \sum H_{f入-出} \tag{1}$$

$$H = Z_{出} - Z_{入} + \frac{p_{出} - p_{入}}{\rho g} + \frac{u^2_{出} - u^2_{入}}{2g} + \sum H_{f入-出} \tag{2}$$

式中 $Z_{出}$、$Z_{入}$——真空表、压力表的安装高度，m；

ρ——流体密度，kg/m^3；

g——重力加速度，m/s^2；

$u_入$、$u_出$——泵进、出口的流速，m/s；

$p_入$、$p_出$——泵进、出口的真空度和表压，Pa；

$\sum H_{f入-出}$——泵的吸入口和压出口之间管路内的流体流动阻力（不包括泵体内部的流动阻力所引起的压头损失）。

当所选泵的吸入口和压出口两截面很接近泵体（即管路很短）时，与伯努利方程中其他项比较，$H_{f入-出}$值很小，故可忽略。于是上式变为：

$$H = Z_出 - Z_入 + \frac{p_出 - p_入}{\rho g} + \frac{u^2_出 - u^2_入}{2g} \tag{3}$$

由上式可知，将测得的 $Z_出 - Z_入$ 和 $p_出 - p_入$ 的值以及计算所得的 $u_入$、$u_出$ 代入上式即可算出泵的扬程 H 的值。

（2）轴功率 N 的测量与计算　泵由电动机直接带动，能量的损耗小，传动效率可视为 100%，所以电动机的输出功率等于泵的轴功率，而电动机上功率表测得的功率为电动机的输入功率，即：

泵的轴功率 N ＝电动机的输出功率 $N_出$ ＝功率表的读数×电动机效率　　(4)

（3）效率 η 的测量与计算　泵的效率 η 是泵的有效功率 N_e 与轴功率 N 的比值。有效功率 N_e 是单位时间内流体经过泵时所获得的实际功，轴功率 N 是单位时间内泵轴从电动机得到的功，两者差异反映了水力损失、容积损失和机械损失的大小。

由上述可知，泵的效率为：

$$\eta = \frac{N_e}{N} \times 100\% \tag{5}$$

其中泵的有效功率 N_e 可用式（6）计算：

$$N_e = \frac{HQ\rho g}{1000} = \frac{HQ\rho}{102} \tag{6}$$

式中　η——泵的效率，%；

N——泵的轴功率，kW；

N_e——泵的有效功率，kW；

H——泵的压头（扬程），m；

Q——泵的流量，m^3/s；

ρ——水的密度，kg/m^3。

（4）转速改变时的换算　泵的特性曲线是在一定转速下由实验测得的。但是，实际上感应电动机在转矩改变时，其转速会有变化，这样随着流量 Q 的变化，多个实验点的转速 n 将有所差异，因此在绘制特性曲线之前，须将实测数据换算为某一定转速 n' 下（可取离心泵的额定转速 2900r/min）的数据。换算关系如下：

流量：
$$Q' = Q\frac{n'}{n} \tag{7}$$

扬程：
$$H' = H\left(\frac{n'}{n}\right)^2 \tag{8}$$

轴功率：
$$N' = N\left(\frac{n'}{n}\right)^3 \tag{9}$$

效率：
$$\eta' = \frac{H'Q'\rho g}{1000N'}$$
(10)

2. 管路特性曲线

当离心泵安装在特定的管路系统中工作时，实际的工作压头（扬程）和流量不仅与离心泵本身的性能有关，还与管路特性有关，也就是说，在液体输送过程中，泵和管路二者是相互制约的。在一定的管路上，泵所提供的压头和流量必然与管路所需的压头和流量一致。若将泵的特性曲线与管路特性曲线绘在同一坐标图上，两曲线交点即为泵在该管路的工作点。因此，可通过改变泵转速来改变泵的特性曲线，从而得出管路特性曲线。泵的压头 H（扬程）计算同上。

三、实验设备与装置

1. 离心泵特性曲线测定装置流程示意图如图 1 所示。离心泵 1 将实验水箱 10 内的水输送到实验系统，用流量调节阀 6 调节流量，流体经涡轮流量计 9 计量后，流回储水箱。

以天津大学开发生产的化工原理设备为例，设备的主要技术数据如下：

（1）真空表测压位置管内径 $d_1 = 0.025\text{m}$；

（2）压力表测压位置管内径 $d_2 = 0.025\text{m}$；

（3）真空表与压力表测压口之间的垂直距离 $h_0 = 0.18\text{m}$；

（4）实验管路 $d = 0.040\text{m}$；

（5）电动机效率为 60%。

2. 流量测量。采用涡轮流量计测量流量（一套仪表常数为 77.427 次/L；另一套仪表常数为 79.094 次/L）。

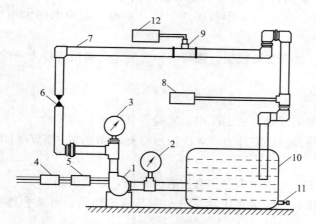

图 1　离心泵性能测定实验装置流程示意图

1—离心泵；2—真空表；3—压力表；4—变频器；5—功率表；6—流量调节阀；7—实验管路；
8—温度计；9—涡轮流量计；10—实验水箱；11—放水阀；12—频率计

四、实验方法与步骤

1. 实验前的准备工作

（1）清洗实验水箱 10，并向水箱内注入蒸馏水，储水量应为水箱的 2/3。

（2）检查各阀门开度和仪表自检情况，试开状态下检查电动机和离心泵是否正常运转。开启离心泵之前检查流量调节阀 6、压力表 3 及真空表 2 的开关是否关闭（应关闭）。

2. 实验开始

（1）启动实验装置总电源，用变频调速器上 $\boxed{\wedge}$、$\boxed{\vee}$ 及 $\boxed{<}$ 键设定频率后，按"run"键，启动离心泵，缓慢打开流量调节阀 6 至全开。待系统内流体稳定，打开压力表和真空表的开关，方可测取相应数据。

（2）测取数据的顺序可从最大流量至 0，或反之。一般测 10～20 组数据。

（3）每次在稳定的条件下同时记录：流量计、压力表、真空表、功率表的读数及流体温度。

3. 实验结束

（1）关闭流量调节阀。

（2）停泵。

（3）切断电源，实验结束。

五、实验要求

1. 实验前预习实验内容，包括熟悉实验目的、实验原理和实验装置，了解各仪表的使用方法和数据采集器。

2. 实验前完成实验预习报告，经指导老师审核同意后方可开始实验。

3. 按照实验操作规程要求和实验步骤进行实验，获取实验数据完整、准确。所有实验数据经指导老师审核同意后方可停止实验。

4. 注意实验安全、实验室卫生和课堂纪律，不得在实验期间大声喧哗、打闹，所有物品按要求摆放整齐。

5. 整理、分析、处理实验数据，撰写实验报告，实验报告每人一份。

六、操作注意事项

1. 该装置电路采用五线三相制配电，实验设备应良好地接地。

2. 使用变频调速器时一定注意 FWD 指示灯亮，切忌按"FWD REV"键 REV 指示灯亮，电动机反转。

3. 启动离心泵前，关闭压力表和真空表的开关，以免损坏。

4. 泵运转过程中，勿触碰泵主轴部分，因其高速转动，可能会缠绕并伤害身体接触部位。

5. 不要在出口流量调节阀关闭状态下使泵长时间运转，一般不超过三分钟，否则泵中液体因循环温度升高，易产生气泡，使泵抽空。

七、实验结果与数据处理

1. 实验原始数据记录

（1）离心泵基本参数记录如下。

装置号：＿＿＿＿＿＿＿；泵进出口高度差：＿＿＿＿＿＿＿；液体温度：＿＿＿＿＿＿＿；液

体密度：_____。

（2）实验原始数据记录表参见表 1。

表 1　离心泵特性曲线测定实验记录表

序号	入口压力 p_1 /MPa	出口压力 p_2 /MPa	电机功率 /kW	流量 Q /(m³/h)	压头 H /m	泵轴功率 N /W	η /%
1							
2							
3							
4							
5							

2. 实验数据处理及结果

（1）分别绘制一定转速下的 $H\sim Q$、$N\sim Q$ 及 $\eta\sim Q$ 曲线。

（2）分析实验结果，判断泵最为适宜的工作范围。

（3）根据实验结果，在合适的坐标系上绘制离心泵的特性曲线，并在图上标出离心泵的各种性能（泵的型号、转速和高效区）。

八、思考题

1. 随着泵出口流量调节阀开度的增大，泵入口真空表读数有什么变化？泵出口压力表读数是减少还是增加？为什么？

2. 通过实验及数据处理，请分析讨论泵的扬程和管道系统中流体的扬程有何异同？其大小由哪些因素决定？

3. 离心泵的流量，为什么可以通过出口阀来调节？往复泵的流量是否也可采用同样的方法来调节？为什么？

九、实验数据处理示例

（1）以第 1 组数据为例进行计算　涡轮流量计读数：$11\text{m}^3/\text{h}$；泵入口真空表：-0.0313MPa；压力表：0.0578MPa；功率表读数：0.78kW。其他液体及装置参数见表 2。

$$H=Z_\text{出}-Z_\text{入}+\frac{p_\text{出}-p_\text{入}}{\rho g}+\frac{u^2_\text{出}-u^2_\text{入}}{2g}$$

因

$$d_\text{入}=d_\text{出}=0.025\ （\text{m}）$$

故

$$\frac{u^2_\text{出}-u^2_\text{入}}{2g}=0$$

$$H=0.18+\frac{(0.0578+0.0313)\times10^6}{994.87\times9.81}\approx9.31\ （\text{m}）$$

离心泵的轴功率：$N=$功率表读数×电动机效率$=0.78\times60\%\approx0.468\ （\text{kW}）$

离心泵的有效功率：

$$N_e = \frac{HQ\rho}{102}$$

$$= \frac{9.31 \times \frac{11}{3600} \times 994.87}{102} \text{ (kW)}$$

$$\approx 0.277 \text{ (kW)}$$

离心泵效率：

$$\eta = \frac{N_e}{N} \times 100\%$$

$$= \frac{0.277}{0.468} \times 100\% \approx 59.28\%$$

其余 9 组数据按照同样方法进行处理，实验数据处理结果见表 2。

表 2　离心泵特性曲线测定实验数据处理与部分计算结果

装置号：　__4#__　；泵进出口高度差：　__0.18m__　；液体温度：　__32.5℃__　；液体密度：　__994.87kg/m³__　；仪表常数：__79.09__

序号	入口压力 p_1 /MPa	出口压力 p_2 /MPa	电机功率 /kW	流量 Q /(m³/h)	压头 H /m	泵轴功率 N /W	η /%
1	−0.0313	0.0578	0.78	11	9.31	0.47	59.28
2	−0.0287	0.0692	0.78	10.5	10.21	0.47	62.07
3	−0.0256	0.0825	0.78	9.9	11.26	0.47	64.51
4	−0.0224	0.0956	0.78	9.3	12.27	0.47	66.06
5	−0.0203	0.105	0.77	8.8	13.02	0.46	67.18
6	−0.0174	0.117	0.76	8.2	13.95	0.46	67.97
7	−0.0142	0.128	0.73	7.6	14.75	0.44	69.34
8	−0.0128	0.136	0.72	7.2	15.43	0.43	69.66
9	−0.0103	0.147	0.7	6.5	16.30	0.42	68.34
10	−0.0085	0.155	0.68	6	16.93	0.41	67.47
11	−0.007	0.162	0.66	5.5	17.50	0.4	65.84
12	−0.0056	0.168	0.64	5	17.97	0.38	63.39
13	−0.0044	0.173	0.61	4.6	18.36	0.37	62.51
14	−0.0033	0.178	0.58	4.1	18.76	0.35	59.87
15	−0.002	0.184	0.55	3.5	19.24	0.33	55.28
16	−0.001	0.19	0.53	3	19.75	0.32	50.48
17	−0.0008	0.194	0.49	2.4	20.14	0.294	44.54
18	−0.0006	0.199	0.46	2	20.63	0.276	40.51

（2）特性曲线绘制　根据表 2 数据分别作 $H \sim Q$、$N \sim Q$ 及 $\eta \sim Q$ 曲线，结果如图 2～图 4。

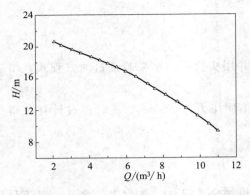

图2　离心泵压头～流量（H～Q）曲线

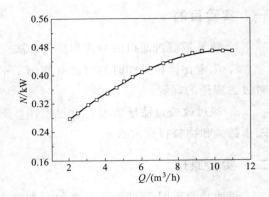

图3　离心泵轴功率～流量（N～Q）曲线

对图2～图4三个曲线进行合并作图，可得离心泵的特性曲线，如图5所示：

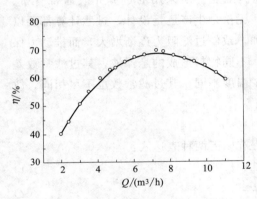

图4　离心泵效率～流量（η～Q）曲线

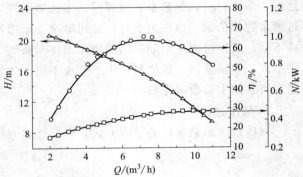

图5　离心泵特性曲线

（3）管路特性计算及曲线绘制　方法同上。

实验4　板框过滤实验

板框过滤是化工生产中的常见单元操作。过滤一般有两种方式：深层过滤和滤饼过滤。深层过滤适用于悬浮液中所含颗粒小，而且含量少（液体中颗粒的体积＜0.1％）的情况，可用较厚的粒状床层做成的过滤介质（例如自来水净化用的砂层）进行过滤。滤饼过滤是指含固体颗粒的非均相物系通过布、网等多孔性材料，分离出固体颗粒的操作。悬浮液通过过滤介质，当颗粒尺寸大于介质孔径时，颗粒被截留，沉积在过滤介质的表面而形成滤饼；当颗粒尺寸比过滤介质孔径小时，过滤开始会有部分颗粒进入过滤介质孔道里，迅速发生"架桥现象"，此时也会被截留形成滤饼。过滤虽有含尘气体的过滤和悬浮液的过滤之分，但通常所说"过滤"系指悬浮液的过滤。

一、实验目的

1. 熟悉板框过滤机的结构和操作方法。

2. 测定在恒压操作时的过滤常数 K、q_e，并用实验所得结果验证过滤方程式，增进对过滤理论的理解。

3. 通过改变过滤压力差，重复操作，测定不同压力差下的 τ_i、q_i，通过计算获得压缩指数 s 和物料特性常数 k。

二、实验原理

过滤是分离固-液非均相物系的一种常用的机械分离操作，在化工、食品、医药和环保等行业有广泛的应用。其基本原理是在过滤推动力的作用下（如压力、重力或离心力），使含固体颗粒的悬浮液在通过过滤介质时，固体颗粒被过滤介质截留形成滤饼，滤液穿过滤饼及过滤介质流出，从而实现固-液两相的分离。工业上所采用的过滤介质通常有布、丝网、多孔材料，如帆布、金属网、多孔陶瓷等。无论是生产还是设计，过滤计算都要以过滤常数作依据。恒压过滤时，滤饼厚度不断增加，致使过滤阻力逐渐增大，而推动力保持不变，所以过滤速率随时间的增加而逐渐降低。不同物料形成的悬浮液，其过滤常数差别很大，即使是同一种物料，由于浓度不同，滤浆温度不同，其过滤常数也不尽相同，故要有可靠的实验数据作参考。

1. 恒压过滤

恒压过滤是最常用的过滤方式，恒压过滤方程有以下两种表达式：

$$V^2 + 2VV_e = KA^2\tau \tag{1}$$

或

$$q^2 + 2qq_e = K\tau \tag{2}$$

式中　V——τ 时间内获得的滤液体积，m^3；

V_e——虚拟滤液体积（过滤速率模型建立时，假定滤布阻力相当于某一厚度滤饼的阻力，此时的滤饼体积所对应的滤液量即为虚拟滤液体积），m^3；

A——过滤面积，m^2；

q——单位过滤面积获得的滤液体积，m^3/m^2；

q_e——单位过滤面积的虚拟滤液体积，m^3/m^2；

τ——实际过滤时间，s；

K——过滤常数，m^2/s。

2. 过滤常数 K、q_e 的测定

过滤常数 K 与滤浆浓度、滤饼和滤液特性、操作压差有关，在恒压下为常数。q_e 是反映过滤介质的特性参数。为了便于测定过滤常数 K、q_e，将式（2）整理得：

$$\frac{\tau}{q} = \frac{1}{K}q + \frac{2}{K}q_e \tag{3}$$

实验中，q 采用两次测定的单位面积滤液量平均值，即 $\overline{q} = \dfrac{q_{i+1}+q_i}{2}$。式（3）为一直线方程。实验时，在恒压下过滤待测悬浮液，测出过滤时间 τ 及滤液累计量 q 的数据，

在直角坐标纸上标绘 $\dfrac{\tau}{q}$ 对 q 的关系，所得直线斜率为 $\dfrac{1}{K}$，截距为 $\dfrac{2}{K}q_{\mathrm{e}}$，从而求出 K、q_{e}。

3. 滤饼常数 k 和滤饼压缩指数 s 的测定

过滤常数的定义式：

$$K = 2k\Delta p^{1-s} \tag{4}$$

两边取对数：

$$\lg K = (1-s)\lg(\Delta p) + \lg(2k) \tag{5}$$

式中，s 为滤饼的压缩指数，滤饼的可压缩性越大，s 值越大。对于不可压缩滤饼，$s=0$。

式（4）、式（5）中，因 s、k 均为常数，故 K 与 Δp 的关系标绘在双对数坐标上是一条直线。直线的斜率为 $1-s$，由此可计算出压缩性指数 s，再读取 $\lg(\Delta p) \sim \lg K$ 直线上任一点处的 K、Δp 数据，一起代入式（4）计算滤饼常数 k。

三、实验设备与装置

实验采用板框过滤机恒压过滤 $CaCO_3$ 悬浮液。实验装置由滤浆输送系统、过滤系统、滤液计量系统和自来水反洗系统构成，流程示意如图 1 所示。

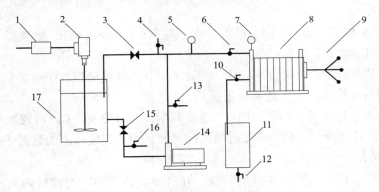

图 1　恒压过滤实验流程示意图

1—调速器；2—电动搅拌器；3、15—截止阀；4、6、10、12、13、16—球阀；5、7—压力表；
8—板框过滤机；9—压紧装置；11—计量桶；14—旋涡泵；17—滤浆槽

滤浆槽内配有一定浓度的轻质碳酸钙悬浮液（浓度为 $2\%\sim4\%$），用电动搅拌器进行均匀搅拌。启动旋涡泵，调节截止阀 3 使压力表 5 指示在规定值。滤液在计量桶内计量。

洗涤过程的流程、过滤机固定头管路分布示意图分别见图 2、图 3。

以天津大学开发生产的化工原理设备为例，设备的主要技术数据如下。

（1）旋涡泵：型号（非标设备）；

（2）搅拌器：型号 KDZ-1，功率 160W（转速 3200r/min）；

（3）过滤板框：板框为外方内圆正方形板框，框的尺寸 180mm×180mm×11mm，内圆直径为 123mm，本台设备有两个过滤框，总有效过滤面积为 $0.0475\mathrm{m}^2$；

（4）滤布型号：工业用；

（5）计量桶：长 275mm、宽 325mm；

（6）滤浆：2%～4%轻质碳酸钙悬浮液。

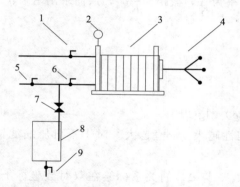
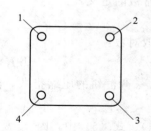

图 2　洗涤过程流程示意图
1、5、6、9—球阀；2—压力表；3—板框过滤机；
4—压紧装置；7—截止阀；8—计量桶

图 3　板框过滤机固定头管路分布图
1—过滤入口通道；2—洗涤入口通道；
3—过滤出口通道；4—洗涤出口通道

四、实验方法与步骤

1. 系统接通电源，打开搅拌器电源开关，启动电动搅拌器 2。将滤浆槽 17 内浆液搅拌均匀。

2. 板框过滤机板、框排列顺序为：固定头—非洗涤板—框—洗涤板—框—非洗涤板—可动头。用压紧装置压紧后待用。

3. 过滤流程见图 1，使阀门 3、10、15 处于全开，其他阀门处于全关状态。启动旋涡泵 14，调节阀门 3 使压力表 5 达到规定值。

4. 待压力表 5 稳定后，打开阀门 6，过滤开始。当计量桶 11 内出现第一滴液体时按下秒表计时，记录滤液每达到一定量时所用的时间。当测定完所需的数据，停止计时，并立即关闭阀门 6。

5. 调节阀门 3 使压力表 5 指示值下降。开启压紧装置卸下过滤框内的滤饼并放回滤浆槽内，将滤布清洗干净。放出计量桶内的滤液并倒回槽内，以保证滤浆浓度恒定。

6. 改变压力或其他条件，从第 3 步开始重复上述实验。

7. 若需测定洗涤时间和洗水量，则每组实验结束后应用洗水管路对滤饼进行洗涤。洗涤流程见图 2。

8. 实验结束时关闭阀门 3 和 15，阀门 16 接上自来水、阀门 13 接通下水，对泵进行冲洗。关闭阀门 13，阀门 4 接通下水，阀门 6 打开，对滤浆进出口管进行冲洗。

五、实验要求

1. 实验前预习实验内容，包括熟悉实验目的、实验原理和实验装置，了解各仪表的使用方法和数据采集器。

2. 实验前完成实验预习报告，经指导老师审核同意后方可开始实验。

3. 按照实验操作规程要求和实验步骤进行实验，获取实验数据完整、准确。所有实验数据经指导老师审核同意后方可停止实验。

4. 注意实验安全、实验室卫生和课堂纪律，不得在实验期间大声喧哗、打闹，所有物品按要求摆放整齐。

5. 整理、分析、处理实验数据，撰写实验报告，实验报告每人一份。

六、操作注意事项

1. 过滤板与框之间的密封垫应注意放正，过滤板与框的滤液进出口对齐。用摇柄把过滤设备压紧，以免漏液。

2. 计量桶的流液管口应贴桶壁，避免液面波动影响读数。

3. 实验结束时关闭阀门 3 和 15。阀门 16 接通自来水对泵及滤浆进出口管进行冲洗。切忌将自来水灌入储料槽中。

4. 电动搅拌器为无级调速。使用时首先接通系统电源，打开调速器开关，调速旋钮一定由小到大缓慢调节，切勿反方向调节或调节过快损坏电动机。

5. 启动搅拌前，用手旋转一下搅拌轴以保证顺利启动搅拌器。

七、实验结果与数据处理

1. 实验原始数据记录

在 0.05MPa、0.10MPa、0.15MPa 三种操作压力下测得的实验数据记录于表 1。

表 1   板框过滤实验数据记录表

序号	液位高度 /cm	q /(m³/m²)	时间 τ/s		
			0.05MPa	0.10MPa	0.15MPa
1					
2					
3					
4					
5					
6					
7					
8					
9					
10					
11					

2. 实验数据处理与结果

（1）绘制 $\frac{\Delta\tau}{\Delta q}\sim q$ 曲线，该曲线为直线，直线的斜率为 $\frac{1}{K}$，截距为 $\frac{2}{K}q_e$，故可求得恒压板框过滤常数 K 和单位过滤面积的虚拟滤液体积 q_e。

（2）在双对数坐标纸上标绘 $\Delta p\sim K$ 曲线，是一条直线，直线的斜率为 $1-s$，由此可以计算出滤饼压缩指数 s。再读取双对数坐标纸上标绘的 $\Delta p\sim K$ 直线上任一点（K，Δp），将这点上的值代入式（4），即可获得滤饼常数 k。

将过滤实验数据处理与计算结果填于表 2。

表 2 板框过滤实验数据处理与计算结果

序号	斜率	截距	压差	K	q_e	k	s
1							
2							
3							

八、思考题

1. 恒压过滤实验中，为什么过滤开始时，滤液常常有一点混浊，过一段时间才转清？

2. 过滤常数 K 与哪些因素有关？

3. 板框过滤操作中，为了改善过滤效果，常常采用在滤浆中加入适量的助滤剂，请问一般如何选择助滤剂？

九、实验数据处理示例

1. 实验原始数据及部分计算结果列于表 3。

每个时间间隔的滤液量为 V_i（m³）：

$$V_i = LDH$$

式中 L——滤液收集箱（滤液收集箱为长方体）底边长，m；

   D——滤液收集箱底边宽，m；

   H——每个间隔时间滤液液位上升的高度，m。

将各实验数据分别进行计算，计算结果填入表 3。

2. 根据实验数据绘制 $\dfrac{\tau}{q} \sim q$ 曲线，计算过滤常数 K、单位过滤面积的虚拟滤液体积 q_e。

先分别计算 q_i、$\dfrac{\tau}{q}$。

其中，$q_i = \dfrac{V_i - V_0}{A}$，$A = 0.0475 \text{m}^2$

$q_0 = 0$

$q_1 = \dfrac{V_1 - V_0}{A} = \dfrac{(1100 - 1000) \times 10^{-6}}{0.0475} \approx 2.11 \times 10^{-3}$ （m³/m²）

同理可获得 q_2，…，q_7，将计算结果填入表 3。

计算 $\dfrac{\tau}{q}$，将计算结果填入表 3。

表 3 恒压板框过滤实验的一组实验数据及部分计算结果

操作压力 0.05MPa 下的实验数据							
编号	0	1	2	3	4	5	6	7
时间 τ/s	0.00	4.25	8.56	13.50	18.61	23.88	29.54	35.29
滤液量 V_i/mL	1000	1100	1200	1300	1400	1500	1600	1700
q_i/(m³/m²)	0.00	0.00211	0.00422	0.00633	0.00844	0.01055	0.01266	0.01477

続表

操作压力 0.05MPa 下的实验数据

编号	0	1	2	3	4	5	6	7
$\dfrac{\tau}{q}$/(s/m)	0.00	2014.2	2028.4	2132.7	2205.0	2263.5	2333.3	2389.3

取各次实验的平均值：$K = 3.17 \times 10^{-5}\ \mathrm{m^2/s}$；$q_e = 0.061\ \mathrm{m^3/m^2}$

绘制 $\dfrac{\tau}{q} \sim q$ 曲线，如图 4，该曲线为直线。直线的斜率为 $\dfrac{1}{K}$，截距为 $\dfrac{2}{K}q_e$，故可求得恒压板框过滤常数 K 和单位过滤面积的虚拟滤液体积 q_e。

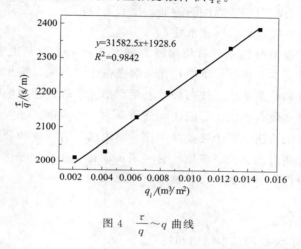

图 4　$\dfrac{\tau}{q} \sim q$ 曲线

由图可得直线的斜率：

$$\frac{1}{K} = 31582.5，得\ K = 3.17 \times 10^{-5}\ (\mathrm{m^2/s})$$

截距：

$$\frac{2}{K}q_e = 1928.6，得\ q_e = 0.061\ (\mathrm{m^3/m^2})$$

将计算结果过滤常数 K 和单位过滤面积的虚拟滤液体积 q_e 的平均值填入表 3。

3. 滤饼常数 k 和滤饼压缩指数 s 的测定（数据处理过程简要）。

实验数据处理的主要步骤。

根据过滤常数的定义式：

$$K = 2k\Delta p^{1-s} \tag{4}$$

两边取对数：

$$\lg K = (1-s)\lg(\Delta p) + \lg(2k) \tag{5}$$

式中，s 为滤饼的压缩指数，滤饼的可压缩性越大，s 值越大。对于不可压缩滤饼，$s = 0$ 常数。

式（4）、式（5）中，因 s、k 均为常数，故 K 与 Δp 的关系，在双对数坐标上标绘是一条直线。直线的斜率为 $1-s$，由此可计算出滤饼压缩指数 s，读取 $\lg(\Delta p) \sim \lg K$ 直线上任一点处的 K、Δp 数据，一起代入式（4）计算滤饼常数 k。

实验 5　液-液萃取实验

　　萃取是利用溶质在两种互不相溶溶剂中溶解度或分配系数的不同，用一种溶剂将溶质从另一种溶剂里提取出来的操作方法。萃取时，该成分在两相溶剂中的分配系数相差越大，则分离效率越高。如果在水提取液中的有效成分是亲脂性的物质，一般多用亲脂性有机溶剂，如苯、氯仿或乙醚进行两相萃取；如果有效成分是偏于亲水性的物质，在亲脂性溶剂中难溶解，就需要改用弱亲脂性的溶剂，例如乙酸乙酯、丁醇等。还可以在氯仿、乙醚中加入适量乙醇或甲醇以增大其亲水性。

　　一个萃取体系一般由有机相（有机溶液）和水相（水溶液）组成，在同一萃取体系中，两相互不相溶或基本不相溶。萃取是在萃取设备中进行的，按水相料液是否含有固体悬浮物分为清液萃取和矿浆萃取；按两种以上萃取剂在萃取过程中的作用，分为协同萃取和反协同萃取。主要参数有相比、分配比、分离系数、萃取率。

　　与其他分离法如沉淀法、离子交换法相比，萃取法具有提取和分离效率高、试剂消耗少、回收率高、生产能力大、设备简单、易实现自动化和连续化等优点，近年来在湿法冶金、石油化工、环境保护等行业中得到越来越广泛应用。

一、实验目的

　　1. 了解液-液萃取设备的基本结构和特点。

　　2. 掌握液-液萃取塔的操作方法。

　　3. 掌握传质单元数 N_{OR}、传质单元高度 H_{OR} 和萃取率 η 的实验测定方法，并分析外加能量对液-液萃取过程传质单元高度的影响。

二、实验原理

　　液-液萃取是指两个完全不互溶或部分互溶的液相接触后，一个液相中的溶质由于溶解度的差异在两相中重新分配的过程。使用萃取塔进行液-液萃取操作时，两种液体在塔内作逆流流动，其中一相液体作为分散相，以液滴形式通过另一种连续相液体，两种液相的浓度则在设备内作微分式连续变化，并依靠密度差在塔的两端实现两液相间的分离。

1. 液-液传质的特点

　　液-液萃取与吸收、精馏同属于相际传质操作过程，它们之间有很多相似之处。但由于在液-液萃取系统中，两相的密度差和界面张力均较小，因而会影响传质过程中两相的充分混合。为了强化两相的传质，在液-液萃取时需借助外力将一相强制分散于另一相中（如利用塔盘旋转的转盘塔、外加脉冲的脉冲塔、振动塔等）。然而两相一旦充分混合，要使它们充分分离也较为困难，因此，通常在萃取塔的顶部和底部都设有扩大的相分离段。

　　萃取过程中，两相混合和分离的好坏，将直接影响萃取设备的效率。影响混合和分离的因素有很多。分离效果除了与液体的物性有关外，还与设备结构、外加能量和两相流体的流量等因素有关。由于分离效果很难用数学方程直接求得，一般通过实验直接测定级效率或传质系数来表征液-液萃取分离效果。

研究萃取塔性能和萃取率时，应注意观察操作现象，实验时应注意了解以下几点：

（1）液滴的分散与聚结现象；

（2）塔顶、塔底分离段的分离效果；

（3）萃取塔的液泛现象；

（4）外加能量大小（改变振幅、频率）对操作的影响。

2. 液-液萃取塔的计算

本实验以水为萃取剂，从煤油中萃取苯甲酸。水相为萃取相（用字母 E 表示，又称连续相、重相），煤油相为萃余相（用字母 R 表示，又称分散相、轻相）。在轻相入口处，苯甲酸在煤油中的浓度（1kg 煤油中含有苯甲酸质量）应保持在 0.0015～0.0020kg 之间。轻相从塔底进入，作为分散相向上流动，经塔顶分离段分离后由塔顶流出；重相由塔顶进入，作为连续相向下流动至塔底经 π 形管流出。轻、重两相在塔内呈逆向流动。在萃取过程中，一部分苯甲酸从萃余相转移至萃取相。萃取相和萃余相的进、出口浓度均由滴定分析法测定。考虑到水与煤油是完全不互溶的，且苯甲酸在两相中的浓度都很低，故可以认为在萃取过程中两相液体的体积流量不发生变化。

3. 萃取塔传质单元数、传质单元高度、总传质系数及萃取率的测定方法

（1）传质单元数　萃取塔的计算可以采用传质单元数法。与精馏、吸收过程类似，由于过程的复杂性，萃取过程内容也被分解为理论级和级效率两个方面，或传质单元数和传质单元高度。对于转盘塔、振动塔这类微分接触的萃取塔，一般采用传质单元数和传质单元高度来处理。

传质单元数表示过程分离难易的程度。对于稀溶液，传质单元数可近似用式（1）表示，按萃余相计算传质单元数 N_{OR} 的计算公式为：

$$N_{OR} = \int_{X_2}^{X_1} \frac{dX}{X - X^*} \tag{1}$$

式中　N_{OR}——萃余相为基准的总传质单元数；

X——萃取塔某一高度处分散相质量浓度，$kg_{苯甲酸}/kg_{煤油}$；

X^*——与连续相浓度 Y 呈平衡的分散相浓度，$kg_{苯甲酸}/kg_{煤油}$；

X_1、X_2——分散相进、出萃取塔的质量浓度，$kg_{苯甲酸}/kg_{煤油}$。

（2）传质单元高度　传质单元高度表示设备的传质性能好坏，可由式（2）表示：

$$H_{OR} = \frac{H}{N_{OR}} \tag{2}$$

（3）总传质系数　以分散相为基准的总体积传质系数可以由式（3）计算：

$$K_X\alpha = \frac{L}{H_{OR}\Omega} \tag{3}$$

式中　H_{OR}——以分散相为基准的传质单元高度，m；

H——萃取塔的有效接触高度，m；

$K_X\alpha$——以分散相为基准的总体积传质系数，$kg/(m^3 \cdot h)$；

L——分散相的质量流量，kg/h；

Ω——塔的截面积，m^2。

（4）操作线方程　图 1 为全塔物料流动示意图。

对全塔进行物料衡算：

$$R(X_2 - X_1) = E(Y_1 - Y_2) \tag{4}$$

式中　R——分散相流量，L/h；

E——连续相流量，L/h。

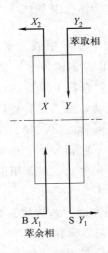

图 1　全塔物料流动示意图

Y_1、Y_2——连续相出、进萃取塔的质量浓度，kg$_{苯甲酸}$/kg$_{煤}$。本实验中 $Y_2 = 0$；

Y——在塔内某一高度处，连续相中苯甲酸浓度，kg$_{苯甲酸}$/kg$_{水}$；

X_1、X_2——分散相进、出萃取塔的质量浓度，kg$_{苯甲酸}$/kg$_{水}$。

（5）萃取率 η　萃取率 η 定义为被萃取剂萃取的组分 A 的量与原料液中组分 A 的量之比。本实验是稀溶液的萃取过程，因此煤油在进、出萃取塔的总流量可视为不变，即

$$\eta = \frac{X_1 - X_2}{X_1} \times 100\% \text{ 或 } \eta = \frac{Y_1 - Y_2}{Y_1} \times 100\%$$

三、实验设备与装置

实验装置的流程图如图 2 所示。本实验中的主要设备为振动式萃取塔，又称往复式振动筛板塔，这是一种效率比较高的液-液传质设备。流程中主要设备和仪表包括：振动式萃取塔，直流电机和凸轮传动机构，电机电压调节器，转子流量计，π 形管，自来水（重相）高位槽，煤油（轻相）高位槽，萃余相（煤油）贮槽，化学中和滴定仪器，等。振动塔上、下两端各有一个沉降室，即分层段。为了使分散相在沉降室停留一定时间，通常做成扩大形状。在萃取传质段有一系列的筛板固定在中心轴上，中心轴由塔顶外的曲柄连杆机构以一定的频率和振幅带动筛板做上、下往复运动，当筛板向上运动时，筛板上侧的液体通过筛孔向下喷射；当筛板向下运动时，筛板下侧的液体通过筛孔向上喷射。两相液体处于高度湍流状态，使分散相液滴不断分散，两相液体在塔内逆流接触传质。

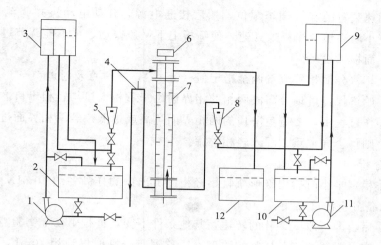

图 2　液-液萃取流程图

1—加料（水）泵；2—原料贮槽；3—重相（水）高位槽；4—调节阀；

5—（水）流量计；6—电动机；7—萃取塔；8—（煤油）流量计；9—轻相

（煤油）高位槽；10—轻相（煤油）贮槽；11—加料（煤油）泵；12—萃余相贮槽

主要设备的技术数据如下（以天津大学开发的实验设备为例）。

（1）萃取塔的几何尺寸：塔径 $D=37mm$；塔身高 $H_T=1000mm$；塔的有效高度 $H=750mm$。

（2）水泵、油泵（CQ 型磁力驱动泵）：型号 16CQ-8；电压 380V；功率 180W；扬程 8m；吸程 3m；流量 30L/min；转速 2800r/min。

（3）转子流量计：不锈钢材质；型号 LZB-4；流量 1～10L/h；精度 1.5 级。

（4）无级调速器：调速范围 0～1500r/min，无级调速，调速平稳。

四、实验方法与步骤

萃取塔在开车时，首先将连续相注满塔中，然后开启分散相，分散相必须经凝聚后才能自塔内排出。因此，若轻相作为分散相，应使分散相不断在塔顶分层段凝聚，在两相界面维持在适当高度后，再开启分散相出口阀门，并依靠重相出口的 π 形管自动调节界面高度。若重相作为分散相，则分散相不断在塔底的分层段凝聚，两相界面应维持在塔底分层段的某一位置上。在液-液系统中，两相间的质量差较小，界面张力也不大，能用于强化过程的惯性力不大，同时分散的两相分层分离能力也不高。可通过外力如搅拌、脉动、振动等提高液-液相传质效率。

1. 萃取流程说明

（1）在实验装置最左边的贮槽内放满水，在最右边的贮槽内放满配制好的轻相入口煤油，分别开动水相和煤油相送液泵的电闸，将两相的回流阀打开，使其循环流动。

（2）全开水转子流量计调节阀，将重相（连续相）送入塔内。当塔内水面快上升到重相入口与轻相出口之间的中点时，将水流量调至指定值（4L/h），并缓慢改变 π 形管高度使塔内液位稳定在重相入口与轻相出口之间中点的位置上。

（3）将调速装置的旋钮调至零位，然后接通电源，开动电动机并调至某一固定的转速。调速时应小心谨慎，慢慢地升速，使筛板上下慢速振动，绝不能调节过量致使电动机产生"飞转"而损坏设备。

（4）将轻相（分散相）流量调至指定值（6L/h），并注意及时调节 π 形管的高度。在实验过程中，始终保持塔顶分离段两相的相界面位于重相入口与轻相出口之间中点位置。

（5）在操作过程中，要避免塔顶的两相界面过高或过低。若两相界面过高，到达轻相出口的高度，则将会导致重相混入轻相贮罐。

2. 滴定分析

（1）操作稳定半小时后用锥形瓶收集轻相进、出口的样品各约 40mL，重相出口样品约 50mL，以备分析浓度之用。

（2）取样后，即可改变桨叶的转速，其他条件不变，进行第二个实验点测试。

（3）用滴定分析法测定各样品的浓度。用移液管分别取煤油相 10mL，水相 10mL 样品，以酚酞作指示剂，用 0.01mol/L 左右 NaOH 标准液滴定样品中的苯甲酸。在滴定煤油相时应在样品中加数滴非离子型表面活性剂醚磺化 AES（脂肪醇聚乙烯醚硫酸酯钠盐），也可加入其他类型的非离子型表面活性剂，并剧烈摇动滴定至终点。

（4）实验完毕后，关闭两相流量计。将调速器调至零位，使桨叶停止转动，切断电源。滴定分析过的煤油应集中存放回收。洗净分析仪器，一切复原，保持实验台面的整洁。

（5）滴定计算

$$X_1 = \frac{(V_1 \times 0.01)_{\text{NaOH}} M_{\text{苯甲酸}}}{10 \rho_{\text{煤油}}}$$

$$X_2 = \frac{(V_2 \times 0.01)_{\text{NaOH}} M_{\text{苯甲酸}}}{10 \rho_{\text{煤油}}}$$

式中　V_1、V_2——进、出口煤油 10mL 消耗 0.01mol/L 的 NaOH 的体积，mL；

$\quad\quad X_1$、X_2——进、出口煤油浓度，g/L；

$\quad\quad M_{\text{苯甲酸}}$——苯甲酸的摩尔质量，122g/mol。

3. 煤油流量的校正

$$V_{\text{油,实}} = V_{\text{油,读}} \sqrt{\frac{\rho_0 (\rho_{\text{f}} - \rho_{\text{油}})}{\rho_{\text{油}} (\rho_{\text{f}} - \rho_0)}}$$

式中　$V_{\text{油,实}}$、$V_{\text{油,读}}$——被测介质的实际体积流量和读数体积流量；

$\quad\quad \rho_{\text{油}}$、$\rho_0$、$\rho_{\text{f}}$——被测介质密度、20℃水的密度以及转子密度。

五、实验要求

1. 实验前预习实验内容，包括熟悉实验目的、实验原理和实验装置，了解各仪表的使用方法和数据采集器。

2. 实验前完成实验预习报告，经指导老师审核同意后方可开始实验。

3. 按照实验操作规程要求和实验步骤进行实验，获取实验数据完整、准确。所有实验数据经指导老师审核同意后方可停止实验。

4. 注意实验安全、实验室卫生和课堂纪律，不得在实验期间大声喧哗、打闹，所有物品按要求摆放整齐。

5. 整理、分析、处理实验数据，撰写实验报告，实验报告每人一份。

六、操作注意事项

1. 调节桨叶转速时一定要小心谨慎，慢慢地升速，千万不能增速过猛使电动机产生"飞转"，损坏设备。最高转速机械上可达 600r/min。从流体力学性能考虑，若转速太高，容易产生液泛，操作不稳定。对于煤油-水-苯甲酸物系，建议在 500r/min 以下操作。

2. 在整个实验过程中，塔顶两相界面一定要控制在轻相出口和重相入口之间适中位置并保持不变。

3. 由于分散相和连续相在塔顶、底滞留很大，改变操作条件后，稳定时间一定要足够长，大约要用半小时，否则误差极大。

4. 煤油的实际体积流量并不等于流量计的读数。需用煤油的实际流量数值时，必须用流量修正公式对流量计的读数进行修正。

5. 煤油流量不能太小或太大，太小会使煤油出口的苯甲酸浓度太低，从而导致分析误差较大；太大会使煤油消耗增加。建议水流量取 4L/h，煤油流量取 6L/h。

七、实验结果与数据处理

1. 实验原始数据记录

原始数据及计算结果整合表参见表1。

表 1　液-液萃取实验原始数据及计算结果

序号		1	2	3	平均值
进塔萃余相消耗 NaOH V_{R_1} /mL					
$V_{水}=4L/h$ $V_{油,读}=4L/h$ $U=150V$(电压)	出塔萃取相消耗 NaOH V_{E_2} /mL				
	出塔萃余相消耗 NaOH V_{R_2} /mL				
$V_{水}=8L/h$ $V_{油,读}=4L/h$ $U=150V$(电压)	出塔萃取相消耗 NaOH V_{E_2} /mL				
	出塔萃余相消耗 NaOH V_{R_2} /mL				
$V_{水}=4L/h$ $V_{油,读}=4L/h$ $U=200V$(电压)	出塔萃取相消耗 NaOH V_{E_2} /mL				
	出塔萃余相消耗 NaOH V_{R_2} /mL				

2. 实验数据处理与结果

（1）由实验原始数据，计算萃余相、萃取相进、出口浓度 X_1、X_2、Y_1、Y_2；

（2）根据平衡数据，绘制 20℃苯甲酸在水和煤油中的平衡曲线；

（3）通过实验计算获得的萃取塔煤油进料组成 X_1，塔顶煤油萃余相组成 X_2，计算

传质单元数 N_{OR}、传质单元高度 H_{OR} 和总体积传质系数 $K_X\alpha$；

（4）根据萃取率公式，计算萃取率 η。

八、思考题

1. 萃取塔在开启时，应注意哪些问题？

2. 液-液萃取设备与气液传质设备有何主要区别？

3. 什么是萃取塔的液泛？在操作时，液泛速率是怎样确定的？

4. 本实验为何不宜用水作为分散相？如果用水作为分散相，操作步骤应怎样设计？两相分层分离段应设在塔底还是塔顶？

5. 对液-液萃取过程来说是否外加能量越大越有利？

6. 萃取过程最适用于分离哪些混合物体系？

九、实验数据处理示例（以第 1 组实验为例进行实验数据处理）

1. 实验原始数据记录如表 2。

表 2　液-液萃取实验原始数据及计算结果

$c_{NaOH}=0.01\text{mol/L}$，塔有效高度 $H=0.75\text{m}$						
	序号	1	2	3	平均	
塔底萃余相（轻相）	NaOH 消耗量 V_{R_2}/mL	15.50	15.10	15.15	15.25	
	样品用量/mL	10	10	10	10	
实验 1：水转子流量 $V_水=4\text{L/h}$，煤油流量 $V_油=4\text{L/h}$，电压 $=150\text{V}$						
塔底萃取相（重相）	NaOH 消耗量 V_{E_2}/mL	4.45	4.80	4.80	4.68	
	样品用量/mL	10	10	10	10	
塔顶萃余相（轻相）	NaOH 消耗量 V_{R_2}/mL	10.31	10.43	10.25	10.33	
	样品用量/mL	10	10	10	10	
实验 2：水转子流量 $V_水=8\text{L/h}$，煤油流量 $V_油=4\text{L/h}$，电压 $=150\text{V}$						
塔底萃取相（重相）	NaOH 消耗量 V_{E_2}/mL					
	样品用量/mL					
塔顶萃余相（轻相）	NaOH 消耗量 V_{R_2}/mL					
	样品用量/mL					
实验 3：水转子流量 $V_水=4\text{L/h}$，煤油流量 $V_油=4\text{L/h}$，电压 $=200\text{V}$						
塔底萃取相（重相）	NaOH 消耗量 V_{E_2}/mL					
	样品用量/mL					
塔顶萃余相（轻相）	NaOH 消耗量 V_{R_2}/mL					
	样品用量/mL					

2. 实验数据处理与结果

以第一组数据为例计算。

$T_{煤油初}=19.0℃$，$T_{煤油末}=19.7℃$；$T_{水初}=20.3℃$，$T_{水末}=19.7℃$

计算得 $\overline{T}_{煤油}=19.4℃$，$\overline{T}_{水}=20℃$，查该温度下煤油、水的物性数据。

（1）转子流量计的刻度标定（油流量校正）。原转子流量计是用于测量水的，用于测量煤油时需要进行如下校正：

20℃时，$\rho_{水}=998 \mathrm{kg/m^3}$，$\rho_{煤油}=840 \mathrm{kg/m^3}$，$\rho_{转子}=7850 \mathrm{kg/m^3}$。

$$V_{煤油,实}=V_{煤油,读}\sqrt{\frac{\rho_{水}(\rho_{转子}-\rho_{煤油})}{\rho_{煤油}(\rho_{转子}-\rho_{水})}}$$

$$=4\times\sqrt{\frac{998\times(7850-840)}{840\times(7850-998)}}$$

$$\approx 4.41 \text{（L/h）}$$

而水流量即为读取值。

（2）10mL 塔底萃余相消耗 NaOH 体积：$\overline{V}_{R_1}=15.25\mathrm{mL}$

10mL 塔顶萃余相消耗 NaOH 体积：$\overline{V}_{R_2}=10.33\mathrm{mL}$

10mL 塔底萃取相消耗 NaOH 体积：$\overline{V}_{E_2}=4.68\mathrm{mL}$

故

$$X_1=\frac{\overline{V}_{R_1}c_{NaOH}M_{苯甲酸}}{10\times\rho_{煤油}}$$

$$=\frac{15.25\times0.01\times122}{10\times840}$$

$$\approx 2.214\times10^{-3}\text{（kg}_{苯甲酸}/\text{kg}_{煤油}\text{）}$$

$$X_2=\frac{\overline{V}_{R_2}c_{NaOH}M_{苯甲酸}}{10\times\rho_{煤油}}$$

$$=\frac{10.33\times0.01\times122}{10\times840}$$

$$\approx 1.50\times10^{-3}\text{（kg}_{苯甲酸}/\text{kg}_{煤油}\text{）}$$

$$Y_1=\frac{\overline{V}_{E_1}c_{NaOH}M_{苯甲酸}}{10\times\rho_{水}}$$

$$=\frac{4.68\times0.01\times122}{10\times998}$$

$$\approx 5.72\times10^{-4}\text{（kg}_{苯甲酸}/\text{kg}_{水}\text{）}$$

（3）绘制 20℃苯甲酸在水和煤油中的平衡曲线，如图 3。

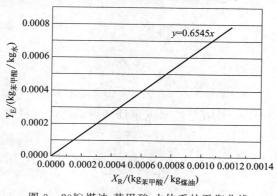

图 3　20℃煤油-苯甲酸-水体系的平衡曲线

(4) 求传质单元数 N_{OR}。萃取塔煤油进料组成为 X_1，塔顶煤油萃余相组成为 X_2，通过取样滴定分析得质量比浓度：

$X_1 = 2.214 \times 10^{-3} \, kg_{苯甲酸}/kg_{煤油}$，$X_2 = 1.50 \times 10^{-3} \, kg_{苯甲酸}/kg_{煤油}$

从平衡曲线图中可以查找到与 Y_1、Y_2 相对应的苯甲酸在煤油中的平衡浓度 X_1^*、X_2^*：

当 $Y_1 = 5.72 \times 10^{-4} \, kg_{苯甲酸}/kg_{水}$ 时，$X_1^* = 8.740 \times 10^{-4} \, kg_{苯甲酸}/kg_{煤油}$

当 $Y_2 = 0$ 时，$X_2^* = 0$

传质单元数为：

$$N_{OR} = \int_{X_2}^{X_1} \frac{dX}{X - X^*} = \frac{X_1 - X_2}{\Delta X_m}$$

$$\Delta X_m = \frac{(X_1 - X_1^*) - (X_2 - X_2^*)}{\ln \dfrac{X_1 - X_1^*}{X_2 - X_2^*}}$$

$$= \frac{(2.214 \times 10^{-3} - 8.740 \times 10^{-4}) - (1.500 \times 10^{-3} - 0)}{\ln \dfrac{2.214 \times 10^{-3} - 8.740 \times 10^{-4}}{1.500 \times 10^{-3} - 0}}$$

$$\approx 1.118 \times 10^{-3}$$

$$N_{OR} = \frac{X_1 - X_2}{\Delta X_m}$$

$$= \frac{2.214 \times 10^{-3} - 1.50 \times 10^{-3}}{1.118 \times 10^{-3}}$$

$$\approx 0.639$$

故传质单元高度：

$$H_{OR} = \frac{H}{N_{OR}}$$

$$= \frac{0.75}{0.639}$$

$$\approx 1.174 \, (m)$$

塔的截面积：

$$\Omega = \frac{\pi}{4} d^2$$

$$= \frac{\pi}{4} \times 0.05^2$$

$$\approx 1.963 \times 10^{-3} \, (m^2)$$

煤油的流量 L（其中 4.41L/h 是经水流量计测得后的矫正数值）：

$$L = V_{油} \times \rho_{油} \times 10^{-3}$$

$$= 4.41 \times 840 \times 10^{-3}$$

$$\approx 3.704 \, (kg/h)$$

总传质系数：

$$K_X\alpha=\frac{L}{H_{OR}\Omega}$$

$$=\frac{3.704}{1.174\times1.963\times10^{-3}}$$

$$\approx1.607\times10^3\,kg/(m^3\cdot h)$$

同理可得其他原始数据的处理结果，列于表 3 中。

表 3　实验结果处理数据表

$c_{NaOH}=0.01mol/L$，塔有效高度 $H=0.75m$				
水转子流量/(L/h)		4	8	4
煤油流量/(L/h)		4	4	4
外加电压/V		150	150	200
塔底轻相	NaOH 用量 V_{R_1}/mL	15.25	—	—
	样品体积/mL	10	—	—
塔顶轻相	NaOH 用量 V_{R_2}/mL	10.33	—	—
	样品体积/mL	10	—	—
塔底重相	NaOH 用量 V_{E_1}/mL	4.68	—	—
	样品体积/mL	10	—	—
X_1/(kg苯甲酸/kg煤油)		2.214×10^{-3}	—	—
X_2/(kg苯甲酸/kg煤油)		1.50×10^{-3}	—	—
Y_1/(kg苯甲酸/kg水)		5.720×10^{-4}	—	—
X_1^*/(kg苯甲酸/kg煤油)		8.740×10^{-4}	—	—
ΔX_m/(kg苯甲酸/kg煤油)		1.118×10^{-3}	—	—
校正煤油流量 L/(kg/h)		3.704	—	—
水流量/(kg/h)		6	—	—
N_{OR}		0.639	—	—
H_{OR}/m		1.174	—	—
$K_X\alpha$/[kg/(m³·h)]		1.607×10^3	—	—

（5）萃取率的计算。萃取率 η 定义为被萃取剂萃取的组分 A 的量与原料液中组分 A 的量之比。本实验是稀溶液的萃取过程，因此煤油在进、出萃取塔的总流量可视为不变，则：

$$\eta=\frac{X_1-X_2}{X_1}\times100\%$$

当外加电压为 150V、水转子流量为 4L/h 时，$X_1=2.214\times10^{-3}$ kg苯甲酸/kg煤油，$X_2=1.50\times10^{-3}$ kg苯甲酸/kg煤油

$$\eta=\frac{2.214\times10^{-3}-1.50\times10^{-3}}{2.214\times10^{-3}}\times100\%$$

$$\approx32.25\%$$

20℃苯甲酸在
水和煤油中
的平衡浓度

实验 6 干燥速率曲线测定实验

干燥是化工领域普遍应用的单元操作之一，是利用热能除去固体物料中的湿分（水或其他溶剂），使物料达到工艺湿度要求的单元操作。该操作过程同时涉及传质与传热，机理较为复杂，因此，在进行干燥设备的设计、选型，确定操作条件，或对已知设备确定所需干燥时间时，常常需要先通过干燥实验来获取湿物料的干燥特性，即干燥速率曲线。其中，干燥速率曲线中临界点的位置，也即临界含水量的大小，受固体物料的特性、物料的形态和大小、物料的堆积方式、物料与干燥介质的接触状态以及干燥介质的条件（湿度、温度和风速）等诸多因素的影响。因此，在实验室中模拟工业干燥器测定干燥过程的干燥速率曲线、确定临界点的临界含水量，具有十分重要的工程指导意义。

一、实验目的

1. 了解气流常压干燥设备的构造、基本流程和工作原理。
2. 掌握物料干燥速率曲线的测定方法。
3. 研究影响干燥速率曲线的因素。

二、实验原理

当湿物料（含水）与干燥介质——空气相接触时，物料表面的水分开始汽化，并向周围介质传递。根据干燥过程中不同阶段的特点，干燥过程可分为如下三个阶段。

第一个阶段为物料预热阶段。当湿物料与热空气接触时，热空气向湿物料传递热量，湿物料温度逐渐升高，直至达到热空气的湿球温度。这一阶段称为预热阶段，所需时间一般较短。

第二个阶段为恒速干燥阶段。在过程开始时，由于整个物料的湿含量较大，其内部的水分能迅速地到达物料表面。因此，干燥速率为物料表面上水分的汽化速率所控制，故此阶段亦称为表面汽化控制阶段。在此阶段，干燥介质传给物料的热量全部用于水分的汽化，物料表面的温度维持恒定（等于热空气湿球温度），物料表面处的水蒸气分压也维持恒定，故干燥速率恒定不变。

第三个阶段为降速干燥阶段。当物料被干燥达到临界湿含量后，便进入降速干燥阶段。此时，物料中所含水分较少，水分自物料内部向表面传递的速率低于物料表面水分的汽化速率，干燥速率为水分在物料内部的传递速率所控制。故此阶段亦称为内部迁移控制阶段。随着物料湿含量逐渐减少，物料内部水分的迁移速率也逐渐减少，故干燥速率不断下降。

一般情况下，第一阶段相对于后两阶段所需时间要短得多，因此一般可忽略不计，或归入第二阶段一并考虑。根据固体物料特性和干燥介质的条件，第二阶段与第三阶段所需的干燥时间长短不一，甚至有可能出现不存在其中某一阶段的现象。其中，第二阶段恒速段的干燥速率受固体物料的种类和性质，固体物料层的厚度或颗粒大小，空气的温度、湿度和流速，空气与固体物料间的相对运动方式等因素的影响。

恒速段的干燥速率和临界含水量是干燥过程研究和干燥器设计的重要数据。本实验在恒定干燥条件下对帆布物料进行干燥，测定干燥曲线和干燥速率曲线，目的是掌握恒速段干燥速率和临界含水量的测定方法及其影响因素。

（1）干燥曲线　干燥曲线即物料的干基含水量 X 与干燥时间 τ 的关系曲线。它说明物料在干燥过程中，干基含水量随干燥时间的变化关系：

$$X = F(\tau) \tag{1}$$

典型的干燥曲线如图 1 所示。

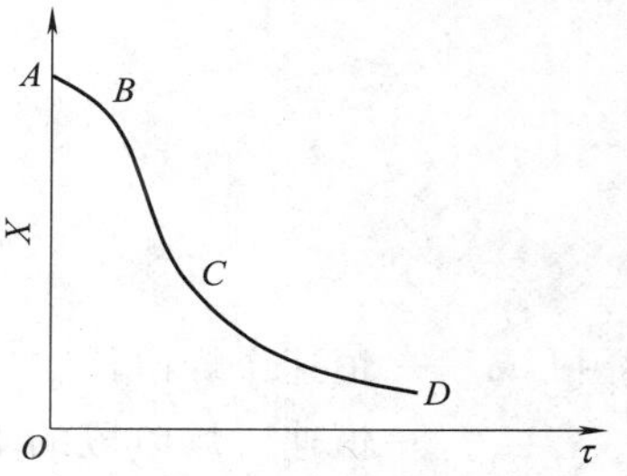

（2）物料干基含水量的测定　实验过程中，在恒定的干燥条件下，测定物料总质量随时间的变化，直到物料的质量恒定为止。此时物料与空气间达到平衡状态，物料中所含水分即为该空气条件下的平衡水分。然后除以物料的绝干质量，可得物料的瞬间干基含水量为：

$$X = \frac{G - G_c}{G_c} \tag{2}$$

图 1　干燥曲线

式中　X——物料干基含水量，kg$_水$/kg$_{绝干物料}$；

　　　G——固体湿物料的质量，kg；

　　　G_c——绝干物料的质量，kg。

（3）干燥速率的测定　干燥速率是指在单位时间内，单位干燥面积上汽化的水分质量。

$$U = \frac{dW}{S d\tau} \approx \frac{\Delta W}{S \Delta \tau} \tag{3}$$

式中　U——干燥速率，kg/(m^2·h)；

　　　S——干燥面积（实验室现场提供），m^2；

　　　$\Delta \tau$——时间间隔，h；

　　　ΔW——$\Delta \tau$ 时间间隔内干燥汽化的水分量，kg。

由此可见，干燥曲线上各点的斜率即为干燥速率。本实验通过测出每挥发一定量的水分（$\Delta W'$）所需要的时间（$\Delta \tau$）来实现干燥速率的测定。影响干燥速率的因素有很多，它与物料性质和干燥介质（空气）的情况有关。在干燥条件不变的情况下，对同类物料，当厚度和形状一定时，干燥速率 U 是物料干基含水量 X 的函数：

$$U = F(X) \tag{4}$$

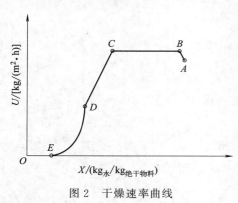

图 2　干燥速率曲线

若将各点的干燥速率对固体的干基含水量标绘成曲线，即为干燥速率曲线，如图 2 所示。

（4）临界点和临界含水量　从干燥曲线（图 1）和干燥速率曲线（图 2）可知，在恒定干燥条件下，干燥过程可分为 AB（物料预热阶段）、BC（恒速干燥阶段）和 CD（降速干燥阶段）三段，其中 BC 段与 CD 段在干燥速率曲线上的交点 C 称为干燥过程的临界点，该交点对应的含水量即为临界含水量。

(5) 传热系数（恒速干燥阶段）的测定　恒速干燥阶段，物料表面与空气之间对流传热系数的测定可分别采用式（5）和式（6）表示：

$$U_c = \frac{dW}{S d\tau}$$

$$= \frac{dQ}{r_{tw} S d\tau} \tag{5}$$

$$= \frac{\alpha(t - t_w)}{r_{tw}}$$

$$\alpha = \frac{U_c r_{tw}}{t - t_w} \tag{6}$$

式中　α——恒速干燥阶段物料表面与空气之间的对流传热系数，$W/(m^2 \cdot ℃)$；

　　U_c——恒速干燥阶段的干燥速率，$kg/(m^2 \cdot s)$；

　　t_w——干燥器内空气的湿球温度，℃；

　　t——干燥器内空气的干球温度，℃；

　　r_{tw}——t_w 下水的汽化热，J/kg。

(6) 干燥器内空气实际体积流量的计算　由节流式流量计的流量计算公式和理想气体的状态方程式可推导出：

$$V_t = V_{t_0} \times \frac{273 + t}{273 + t_0} \tag{7}$$

式中　V_t——干燥器内空气实际流量，m^3/s；

　　t_0——流量计处空气的温度，℃；

　　V_{t_0}——常压下 t_0 时空气的流量，m^3/s；

　　t——干燥器内空气的温度，℃。

$$V_{t_0} = C_0 A_0 \sqrt{\frac{2\Delta p}{\rho}} \tag{8}$$

$$A_0 = \frac{\pi}{4} d_0^2 \tag{9}$$

式中　C_0——流量计流量系数，$C_0 = 0.67$；

　　A_0——节流孔开孔面积，m^2；

　　d_0——节流孔开孔直径，$d_0 = 0.050 m$；

　　Δp——节流孔上下游两侧压力差，Pa；

　　ρ——孔板流量计处 t_0 时空气的密度，kg/m^3。

三、实验装置

以天津大学开发的化工原理实验装置为例。

干燥器类型：洞道；

洞道尺寸：长 1.10m、宽 0.125m、高 0.180m；

加热功率：500～1500W；

空气流量：1～5m³/min；

干燥温度：40～120℃；

重量传感器显示仪：量程0～200g，精度0.2级；

干球温度计、湿球温度计显示仪：量程0～150℃，精度0.5级；

孔板流量计处温度计显示仪：量程0～100℃，精度0.5级；

孔板流量计压差变送器和显示仪：量程0～4kPa，精度0.5级；

电子秒表：绝对误差0.5s。

洞道干燥实验流程示意图见图3。

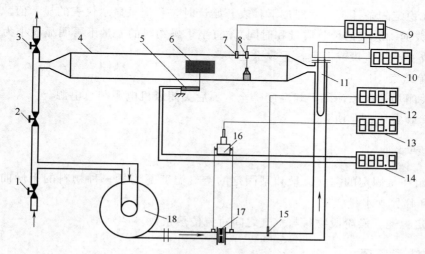

图3　洞道干燥实验流程示意图

1—新鲜空气进气阀；2—废气循环阀；3—废气排出阀；4—洞道干燥室；5、14—重量传感器及显示仪；

6—干燥物料（帆布）；7—干球温度计；8、10—湿球温度计及显示仪；9—电加热控制仪表；

11—电加热器；12、15—孔板流量计处温度计及显示仪；13、16—孔板流量计压差

变送器和显示仪；17—孔板流量计；18—离心风机

四、实验方法与步骤

1. 实验前的准备、检查工作

（1）将被干燥物料试样进行充分的浸泡，使试样含有适量水分，约70g（不能滴水），以备干燥实验用。

（2）向湿球温度计的附加蓄水池内补充适量水，使池内水面上升至适当位置。

（3）将被干燥物料的空支架安装在洞道内。

（4）调节新空气入口阀至全开的位置。

2. 实验开始

（1）先按下电源开关的绿色启动按键，再按风机开关按钮，开动风机。

（2）调节三个蝶阀到适当的位置，将空气流量调至指定读数。

（3）在温度显示控制仪表上，按住"[set]"键2～3s，直至SV窗口显示"[SU]"，此时PV窗口所显示的即为干燥器的干球温度所要达到的指定值，可通过仪表上的上移、

左移键改变指定值，指定值设定好后按"[set]"键，改变到下一参数的设定（此后的参数不需改变），然后按"[A/M]"键回到仪表控制状态。按下加热开关，让电热器通电。

(4) 干燥器的流量和干球温度恒定达 5min，并且数字显示仪显示的数字不再增长，即可开始实验。此时，读取数字显示仪的读数作为试样支撑架的质量（G_D）。

(5) 将被干燥物料试样从水盆内取出，控去浮挂在其表面上的水分（使用呢子物料时，最好用力挤去所含的水分，以免干燥时间过长）将支架从干燥器内取出，再将支架插入试样内直至尽头。

(6) 将支架连同试样放入洞道内，并安插在其支撑杆上。注意不能用力过大，以防传感器受损。

(7) 在稳定的条件下，立即按下秒表开始计时，并记录显示仪表的显示值。然后每隔 2min 记录数据一次（记录总质量和时间），直至干燥物料的质量不再明显减小为止。

(8) 改变空气流量或温度，重复上述实验。

3. 实验结束

(1) 关闭加热电源，待干球温度降至常温后关闭风机电源和总电源。

(2) 实验完毕，一切复原。

五、实验要求

1. 每组在某固定的空气流量和某固定的空气温度下测量一种物料的干燥曲线、干燥速率曲线和临界含水量。

2. 测定恒速干燥阶段物料与空气之间对流传热系数。

六、操作注意事项

1. 在安装试样时，一定要小心保护传感器，以免用力过大使传感器造成机械性损伤。

2. 在设定温度给定值时，不要改动其他仪表参数，以免影响控温效果。

3. 为了设备的安全，开启时，一定要先开风机后开空气预热器的电热器。停机时则反之。

4. 突然断电后，再次开启实验时，务必检查风机开关、加热器开关是否已被按下，如果被按下，请再按一下使其弹起，让其不再处于导通状态。

七、实验结果与数据处理

1. 实验原始数据记录

(1) 设备物料有关基本参数记录如下。

装置号：_____；干燥温度：_____；风速：_____；毛毡面积：_____；绝干质量：_____；毛毡初始质量：_____。

(2) 记录实验原始数据于表1。

2. 实验数据处理与结果

(1) 根据实验结果绘制出干燥曲线、干燥速率曲线，并得出恒定干燥速率、临界含水量、平衡含水量。

(2) 计算出恒速干燥阶段物料与空气之间对流传热系数。

表 1 实验原始数据记录表

时间 τ /min	毛毡质量 G_c /g	失水量 W' /g	干基含水量 X /(kg$_水$/kg$_{绝干物料}$)	干燥速率 U /[kg/(m$^2\cdot$s)]

八、思考题

1. 测定干燥速率曲线的意义何在？
2. 为什么在操作中要先开风机送气而后再通电加热？
3. 当气流温度不同时，干燥速率曲线有何变化？
4. 试分析在实验装置中，将废气全部循环可能出现的后果。

九、实验数据处理示例

干燥速率曲线测定实验原始数据及计算结果见表2。

表 2 干燥速率曲线数据记录及处理结果

装置号：____1#____；干燥温度：____70℃____；风速：____90m^3/h____；毛毡面积：____(12.3×8.2×2) cm^2____；
绝干质量：____41.2g____；毛毡初始质量：____70.7g____

时间 τ /min	毛毡质量 G_c /g	失水量 W' /g	干基含水量 X /(kg$_水$/kg$_{绝干物料}$)	分段拟合法 所算的斜率	干燥速率 $U\times10^3$ /[kg/(m$^2\cdot$s)]
2	69.5	1.2	0.69	0.495	0.409
4	68.3	2.4	0.66	0.495	0.409
6	67.3	3.4	0.63	0.495	0.409
8	66.4	4.3	0.61	0.495	0.409
10	65.3	5.4	0.58	0.495	0.409
12	64.5	6.2	0.57	0.495	0.409
14	63.3	7.4	0.54	0.495	0.409
16	62.5	8.2	0.52	0.495	0.409
18	61.4	9.3	0.49	0.495	0.409
20	60.6	10.1	0.47	0.495	0.409
22	59.4	11.3	0.44	0.495	0.409
24	58.4	12.3	0.42	0.495	0.409
26	57.5	13.2	0.40	0.495	0.409
28	56.6	14.1	0.37	0.495	0.409
30	55.6	15.1	0.35	0.477	0.394
32	54.5	16.2	0.32	0.459	0.379
34	53.7	17.0	0.30	0.441	0.365

时间 τ /min	毛毡质量 G_c /g	失水量 W' /g	干基含水量 X /(kg$_水$/kg$_{绝干物料}$)	分段拟合法 所算的斜率	干燥速率 $U \times 10^3$ /[kg/(m^2·s)]
36	52.7	18.0	0.28	0.424	0.35
38	51.7	19.0	0.25	0.406	0.335
40	51.1	19.6	0.24	0.388	0.321
42	50.2	20.5	0.22	0.37	0.306
44	49.3	21.4	0.20	0.352	0.291
46	48.5	22.2	0.18	0.335	0.277
48	47.8	22.9	0.16	0.317	0.262
50	47.2	23.5	0.15	0.299	0.247
52	46.6	24.1	0.13	0.281	0.233
54	46.4	24.3	0.13	0.264	0.218
56	45.8	24.9	0.11	0.246	0.203
58	45.6	25.1	0.11	0.228	0.189
60	45.4	25.3	0.1	0.21	0.174
62	44.7	26.0	0.08	0.193	0.159
64	44.6	26.1	0.08	0.175	0.145
66	44.4	26.3	0.08	0.157	0.130
68	44.0	26.7	0.07	0.139	0.115
70	43.6	27.1	0.06	0.122	0.101
72	43.4	27.3	0.05	0.104	0.086
74	43.3	27.4	0.05	0.086	0.071
76	43.1	27.6	0.05	0.068	0.056
78	42.7	28.0	0.04	0.051	0.042
80	42.5	28.2	0.03	0.033	0.027
82	42.3	28.4	0.03	0.015	0.012

以第 1 组数据为例，计算失水量 $\Delta W'$：

$$\Delta W' = (70.7 - 69.5)\text{g}$$
$$= 1.2\text{g}$$

干基含水量：

$$X = \frac{W_\tau - G_c}{G_c}$$

$$= \frac{69.5 - 41.2}{41.2}$$

$$\approx 0.69 \, (\text{kg}_水/\text{kg}_{绝干物料})$$

由干燥速率的计算公式 $U = \dfrac{\mathrm{d}W}{S\mathrm{d}\tau} \approx \dfrac{\Delta W}{S\Delta\tau}$ 可知，要求得 U 值，需先求出干燥曲线上各点的斜率 $\dfrac{\Delta W}{\Delta\tau}$。该斜率的获得有数值法和分段拟合法两种方法，其中数值法是一种近似处理法，即采用该时刻的失水量和前一时刻失水量差除以时间间隔（2min）来代替斜率，即：

$$\left(\frac{\mathrm{d}W}{\mathrm{d}\tau}\right)_i \approx \frac{W_i - W_{i-1}}{2}$$

采用该值除以毛毡面积即可获得干燥速率值 U。该方法虽然计算简单方便，但放大了因湍流流动造成的数据偶然误差，造成整体数据有较大波动，无法真实还原干燥速率的内在规律，只能看到曲线的大致趋势，使临界点的准确性不足。因此本实验将采用能够更好揭示数据本身规律的分段拟合法，该方法能够摒弃数据偶然误差造成的上下波动对最终数据的影响，从而获得能够更好符合干燥速率内在规律的曲线。具体方法如下。

（1）以时间 τ 为 x 轴，干基含水量 X 为 y 轴，采用 Origin 软件绘制干燥曲线，如图 4 所示。

（2）分段拟合。求算不同时刻的斜率时，需要将图 4 分隔为两部分进行分段拟合，其中一部分拟合为直线，另一部分拟合为二次多项式。此时就需要找到该分隔点，分隔点确定计算表见表 3 所示。根据干燥曲线的变化趋势，获得该分隔点的原则是直线区域斜率接近，当到达分隔点位置，斜率降低且与原斜率偏差较大。根据上述原则，具体步骤如下。

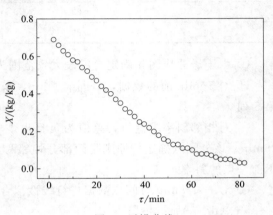

图 4　干燥曲线

表 3　干燥曲线分隔点确定计算表

时间 τ/min	失水量 W'/g	斜率（间隔 4min）	斜率差（相邻两点）
2	1.2	—	—
4	2.4	—	—
6	3.4	0.55	—
8	4.3	0.48	−0.08
10	5.4	0.50	0.03
12	6.2	0.48	−0.03
14	7.4	0.50	0.03
16	8.2	0.50	0
18	9.3	0.48	−0.03
20	10.1	0.48	0
22	11.3	0.5	0.03
24	12.3	0.55	0.05
26	13.2	0.48	−0.08
28	14.1	0.45	−0.03
30	15.1	0.48	0.03
32	16.2	0.53	0.05
34	17.0	0.48	−0.05

时间 τ/min	失水量 W'/g	斜率(间隔 4min)	斜率差(相邻两点)
36	18.0	0.45	−0.03
38	19.0	0.50	0.05
40	19.6	0.40	−0.10
42	20.5	0.38	−0.03
44	21.4	0.45	0.08
46	22.2	0.43	−0.03
48	22.9	0.38	−0.05
50	23.5	0.33	−0.08

① 由干燥曲线图 4 确定直线段大致范围为 0～50min。

② 对 50min 前的数据，每间隔 4min，采用上述数值近似法求得斜率，列于表 2 中的第 5 列。

③ 对相邻斜率求差值，差值为负且出现极大值点即为分隔点，可确定分隔点为 $\tau=$ 28min。该分隔点确定的原则是两部分相邻两点的斜率最接近，并要求后一点的斜率要小于前一点的斜率。

④ 对 $\tau<28$min 时间点数据进行线性拟合。Origin 软件中具体操作方法为：

a. 点击 "Analysis"；

b. 点击 "Fitting"；

c. 点击 "Fit Linear"，打开 Open dialog 并勾选 "Regular" 和 "Fitted curves plot"；

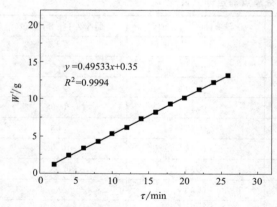

d. 点击 "Application"，即可获得线性拟合方程 $y=0.49533x+0.35$，线性区域的拟合曲线如图 5 所示，并获得 $\tau<$ 28min 时间段内斜率为 0.495，列于表 2 第 5 列中。

图 5　干燥曲线线性区域拟合方程及拟合曲线

⑤ 对 $\tau\geqslant28$min 的时间点数据进行非线性二次多项式拟合。Origin 软件中具体操作方法为：

a. 点击 "Analysis"；

b. 点击 "Fitting"；

c. 点击 "Polynomial Fit"，打开 Open dialog；

d. 点击 "Polynomial order"，选择 "2"（表示二次多项式），勾选 "Regular" 和 "Fitted curves plot"；

e. 点击 "Application"，即可获得线性拟合方程：

$$y=-0.00444x^2+0.74319x-2.96356$$

非线性区域的拟合曲线如图 6 所示。对该拟合方程求导得：

$$y'=-0.00888x+0.74319$$

将不同时间点代入该导数方程，即可获得 $\tau \geqslant 28\min$ 时间段内不同时间点对应的斜率，列入表 2 第 5 列中。

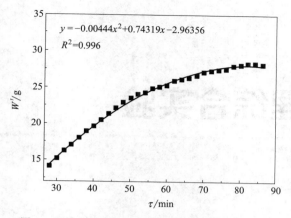

图 6　干燥曲线非线性区域拟合方程及拟合曲线

注意：寻找分隔点时，可将干燥速率曲线作出，根据数据的合理和连贯性，多次尝试。

（3）将采用分段拟合法获得的斜率除以毛毡面积（注意该面积应为两面毛毡总面积），得到干燥速率值 U_i，U_i（×1000）＝斜率/（2×0.123×0.082×60） $kg/(m^2 \cdot s)$，列于表 2 第 6 列。

（4）以干基含水量为 x 轴、干燥速率为 y 轴作图即可获得干燥速率曲线，如图 7 所示，其中 c 点即为临界点。

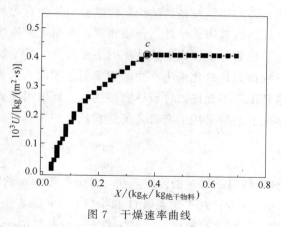

图 7　干燥速率曲线

第五章
化工原理综合实验

实验 1　传热综合实验

传热是化工生产过程中的重要单元操作之一。传热有三种方式：对流传热、热传导和热辐射。对流传热是化工生产中最常用的方式。对流传热速率不仅与操作条件、流体的性质及流动状态有关，而且还与传热设备的结构、传热面的特性有关。传热设备的主要装备就是换热器，为合理、经济地选用或设计一台换热器，必须了解换热器的换热性能，而通过实验测定换热器的传热系数，掌握影响其性能的主要因素，是了解换热器性能的重要途径之一。加热与冷却（或保温）是化工生产中的重要工艺手段。工业生产中冷、热两种流体的热交换，在大多数情况下不允许两种流体直接接触，要求用固体壁隔开，这种换热器称为间壁式换热器。本实验装置采用的套管式换热器就是一种典型的间壁式换热器。

一、实验目的

1. 掌握管内强制对流传热系数 α 的测定方法，并分析影响 α 的因素。
2. 掌握求关联式 $Nu = CRe^m Pr^n$ 中系数 C 和指数 m、n 的方法。
3. 通过实验加深对 α 关联式的理解，了解工程上强化传热的措施。

二、实验原理

在本实验中，采用套管换热器，实验装置如图 2 所示。

1. 总传热系数 K 的测定

传热基本方程式：

$$Q = KA\Delta t_m \tag{1}$$

传热量 Q 是生产任务所规定的，温度差 Δt_m 的值由冷、热流体进、出换热器的始、终温度决定，也是由工艺要求给出的条件，则传热面积 A 与总传热系数 K 值密切相关，因此，如何合理地确定 K 值，是设计换热器中的一个重要问题。

目前，总传热系数 K 值有三个来源：一是选取经验值，即目前生产设备中所用的经过实践证实并总结出来的生产实践数据；二是实验测定 K 值；三是计算。

由式（1）得：

$$K = \frac{Q}{A \Delta t_m} \tag{2}$$

$$\Delta t_m = \frac{\Delta t_2 - \Delta t_1}{\ln \dfrac{\Delta t_2}{\Delta t_1}} \tag{3}$$

式中　　K——总传热系数，$W/(m^2 \cdot ℃)$；

A——传热面积，m^2；

Δt_m——冷、热流体对数平均温度差，℃；

Δt_1、Δt_2——换热器两端热、冷物流传热温度差，℃；

Q——传热速率，亦称热负荷，本实验指的是管内热流量，W。

假设设备保温良好（无热量损失），水蒸气在饱和温度下排冷凝水，可得热量核算方程：

$$Q = q_{m_1} c_{p_1} (t_2 - t_1) = q_{m_2} r \tag{4}$$

式中　q_{m_1}——冷物流空气的质量流量，kg/s；

q_{m_2}——蒸汽的质量流量，kg/s；

c_{p_1}——冷物流空气在平均温度下的定压比热容，$J/(kg \cdot ℃)$；

t_1、t_2——冷物流空气的进、出口温度，℃；

r——饱和蒸汽的冷凝潜热，J/kg。

注意：总传热系数与传热面积密切相关，实验与数据处理中，如果以换热管内表面积 A_1 作为传热面积，得到的总传热系数记为 K_1；如果以换热管外表面积 A_2 作为传热面积，得到的总传热系数记为 K_2。

2. 管内对流传热系数 α 的测定

对流传热的核心问题是传热膜系数，即对流传热系数 α 的确定问题。对流传热系数与流体的性质、流动状态及换热器的几何结构有关。在传热计算中，如何合理地确定 α 值，是设计换热器中的一个重要问题。一般情况下，圆形直管强制湍流，低黏度流体时的对流传热系数 α 值可以通过关联式 $Nu = 0.023 Re^{0.8} Pr^n$ 求取，但本实验可以通过对流传热系数 α 与套管总传热系数 K 之间的关系来求取。

在本实验中，采用套管换热器，管外走水蒸气，管内走空气，空气被蒸汽加热。若传热面积以内表面积 A_1 为计算基准，根据总传热系数计算式，有：

$$\frac{1}{K_1} = \frac{1}{\alpha_1} + R_{d1} + \frac{bA_1}{\lambda A_m} + \frac{R_{d2} A_1}{A_2} + \frac{A_1}{\alpha_2 A_2} \tag{5}$$

在本实验条件下，由于换热管管外的蒸汽在换热过程中有相变化，故管外蒸汽的对流传热系数 α_2 远大于管内空气的对流传热系数 α_1。另外，管内、外走的都是清洁流体，管内外的污垢热阻也可以忽略不计。传热过程的热阻主要集中在管内空气侧。因此，式（5）

可以简化为：

$$\alpha_1 \approx K_1 = \frac{Q}{A_1 \Delta t_{\mathrm{m}}} \tag{6}$$

空气的质量流量为 q_{m_1}，温度由 t_1 被加热至温度为 t_2，此时的热负荷由式（4）计算。

换热面积 A：

$$A = \pi d L \tag{7}$$

进、出口温差 Δt_{m}：

$$\Delta t_{\mathrm{m}} = \frac{\Delta t_2 - \Delta t_1}{\ln \dfrac{\Delta t_2}{\Delta t_1}} \tag{8}$$

式中　A_1、A_2——换热管内、外表面积，m^2；

　　　α_1、α_2——换热管的内、外对流传热系数，$\mathrm{W/(m^2 \cdot ℃)}$；

　　　R_{d1}、R_{d2}——换热管内、外污垢热阻，$\mathrm{m}^2 \cdot ℃/\mathrm{W}$；

　　　b——换热管管壁厚度，m；

　　　λ——换热管管壁材料的热导率，$\mathrm{W/(m \cdot ℃)}$；

　　　L——换热管的长度，m；

　　　d——换热管直径，m。

将实验测得的值代入式（6）、式（7）、式（8），可计算获得 α_1 的值。同理可以求得换热管管外蒸汽的对流传热系数 α_2。

3. 对流传热系数特征关联式的实验测定

对于稳态无相变化传热过程，可采用量纲分析法获得一般特征数之间的表达形式：

$$Nu = f(Re, Pr, Gr) \tag{9}$$

或

$$Nu = C Re^m Pr^n Gr^p \tag{10}$$

对强制湍流，格拉斯霍夫特征数 Gr 可以忽略。

$$Nu = C Re^m Pr^n \tag{11}$$

式中　Nu——努塞尔特征数，$Nu = \dfrac{\alpha d}{\lambda}$；

　　　Re——雷诺特征数，$Re = \dfrac{d u \rho}{\mu}$；

　　　Pr——普朗特特征数，$Pr = \dfrac{c_p \mu}{\lambda}$；

　　　Gr——格拉斯霍夫特征数，$Gr = \dfrac{g \beta \Delta t d^3 \rho^3}{\mu^2}$；

　　　u——流体的流速，$\mathrm{m/s}$；

　　　β——流体的体积膨胀系数，K^{-1}；

　　　ρ——流体的密度，$\mathrm{kg/m^3}$；

　　　λ——流体的热导率，$\mathrm{W/(m \cdot ℃)}$；

　　　c_p——流体的比热容，$\mathrm{J/(kg \cdot K)}$；

μ——流体的黏度，Pa·s；

Δt——对流传热温度差，热流体 $\Delta t = T - T_\mathrm{w}$，冷流体 $\Delta t = t_\mathrm{w} - t$，℃。

实验研究表明，流体被加热时 $n = 0.4$，流体被冷却时 $n = 0.3$。在本实验条件下，实验中的空气被加热，可取 $n = 0.4$，式（11）可写为：

$$Nu = CRe^m Pr^{0.4} \tag{12}$$

本实验中，可用图解法和最小二乘法两种方法计算特征数关联式中的指数 m、n 和系数 C。

用图解法对多变量方程进行关联时，要对不同变量 Re 和 Pr 分别回归。为了便于掌握这类方程的关联方法，可简化成单变量方程。两边取对数得到直线方程式（13）。

$$\lg \frac{Nu}{Pr^{0.4}} = m \lg Re + \lg C \tag{13}$$

在双对数坐标系中作图，即可得到一直线。由直线的斜率 m 和截距 $\lg C$，即可计算出 m 和 C 值。

用图解法，根据实验点确定直线位置。若方程式（11）中的指数 n 未知，则对方程式（11）两边取对数得：

$$\lg Nu = \lg C + m \lg Re + n \lg Pr \tag{14}$$

令 $Y = \lg Nu$，$b_0 = \lg C$，$b_1 = m$，$b_2 = n$，$X_1 = \lg Re$，$X_2 = \lg Pr$，则式（14）可写为：

$$Y = b_0 + b_1 X_1 + b_2 X_2 \tag{15}$$

以 X_1、X_2 为自变量，以 Y 为因变量，进行二元线性回归，求得 b_0、b_1、b_2 后，即可求得方程式（11）中的 C、m、n 的值。

4. 传热过程的强化

强化传热是目前常用的传热手段。强化传热被学术界称为第二代传热技术，它能减小初设计的传热面积，以减小换热器的体积和质量，提高现有换热器的换热能力，使换热器能在较低温差下工作，而且能减少换热器的阻力以减少换热器的动力消耗，更有效地利用能源和资金，提高现有换热器的传热能力。

强化换热的方法有多种，本实验装置是采用在换热器内管插入螺旋线圈（图1）的方法来强化传热的。在近壁区域，流体一面由于螺旋线圈的作用而发生旋转，一面还周期性地受到线圈的螺旋金属丝的扰动，因而可以使传热强化。

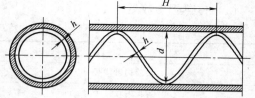

图 1　内管螺旋线圈示意图

强化传热时，$Nu = BRe^m$，其中 B、m 的值因螺旋丝尺寸不同而不同。同样可用线性回归方法确定 B 和 m 的值。单纯研究强化手段的强化效果（不考虑阻力的影响），可以用强化比的概念作为评判准则，即强化管的努塞尔特征数 Nu_1 与普通管的努塞尔特征数 Nu_0 的比。显然，强化比 $Nu_1 / Nu_0 > 1$，而且它的值越大，强化效果越好。

为定量说明换热器的强化效果，可采用强化比 ψ 表示：

$$\psi = \frac{Nu_1}{Nu_0} \tag{16}$$

式中 Nu_0——普通光滑管的努塞尔数；

Nu_1——强化传热管（如波纹管）的努塞尔数。

显然，强化比的值越大，强化效果越好。但在考虑强化传热的同时，还应该考虑阻力因素。

5. 换热管两侧的热阻不可忽略时对流传热系数的测定

若在实验过程中管内、管外的流体均为空气，管内的对流传热系数 α_1 和管外的对流传热系数 α_2 值的大小比较接近，两侧热阻均不可忽略，此时可以根据牛顿冷却定律用实验测定对流传热系数 α_1 和 α_2。

套管内管管内：
$$\alpha_1 = \frac{Q}{A_1(t_w - \bar{t})}$$

套管内管管外：
$$\alpha_2 = \frac{Q}{A_2(\bar{T} - T_w)}$$

式中 t_w——套管内管管内壁温度，℃；

$\bar{t}$——管内流体的平均温度，$\bar{t} = \dfrac{t_1 + t_2}{2}$，℃；

T_w——套管内管管外壁温度，℃；

$\bar{T}$——套管内管管外流体平均温度，$\bar{T} = \dfrac{T_1 + T_2}{2}$，℃。

通过实验测得 Q、t_w、T_w、$\bar{t}$、$\bar{T}$，计算出 A_1、A_2，则可以计算出换热器管内、管外对流传热系数 α_1 和 α_2。

三、实验设备与装置

实验采用套管式换热器，由两根套管组成，其中一根内管是光滑管，另一根内管是螺旋槽管，冷空气走管程，饱和水蒸气走壳程。设备流程见图 2。

以天津大学开发生产的化工原理实验设备为例，设备的主要技术数据如下。

（1）传热管参数见表 1。

表 1 传热管有关参数

项目		数值
实验内管内径 d_i/mm		20.00
实验内管外径 d_o/mm		22.0
实验外管内径 D_i/mm		50
实验外管外径 D_o/mm		57.0
测量段（紫铜内管）长度 L/m		1.00
强化内管内插物（螺旋线圈）尺寸	丝径 h/mm	1
	节距 H/mm	40
加热釜	操作电压/V	≤200
	操作电流/A	≤10

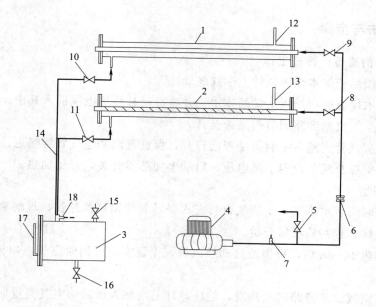

图 2　空气-水蒸气传热综合实验装置流程图

1—普通套管换热器；2—内插有螺旋线圈的强化套管换热器；3—蒸汽发生器；4—旋涡气泵；
5—旁路调节阀；6—孔板流量计；7—风机出口温度（冷流体入口温度）测试点；8、9—空气
支路控制阀；10、11—蒸汽支路控制阀；12、13—蒸汽放空；14—蒸汽上升主管路；
15—加水口；16—放水口；17—液位计；18—冷凝液回流口

（2）空气流量计：

① 由孔板与压力传感器及数字显示仪表组成空气流量计；

② 不锈钢孔板的孔径比 $m = 17\text{mm}/44\text{mm} \approx 0.39$。

（3）空气进、出口测量段的温度 t_1、t_2 采用电阻温度计测量，在显示仪表上直接读数。

（4）空气流量的测量。实验条件下的空气流量 $q_V(\text{m}^3/\text{h})$ 按下式计算：

$$q_V = 21.68 \sqrt{\frac{\Delta p}{\rho_{t_1}}}$$

式中　Δp——孔板两端压差，kPa；

ρ_{t_1}——进口温度下空气密度，kg/m^3。

（5）蒸汽温度 T。蒸汽温度可以近似用换热管的外壁面平均温度 T_w 来代替。换热管的外壁面平均温度 T_w 采用铜-康铜热电偶测量，在数字式毫伏计上显示数值 E。

$$T_\text{w} = 8.5 + 21.26E$$

式中　E——热电偶的热电势，mV。

（6）电加热釜使用体积为 7L（加水至液位计的上端红线），内装有一支 2.5kW 的螺旋形电加热器，为了安全和长久使用，建议最高使用电压不超过 200V（由固态调节器调节）。

（7）旋涡气泵，XGB-2 型，电功率约 0.75kW（三相电源）。

（8）稳定时间。指在外管内充满饱和蒸汽，并在蒸汽排出口有适量的汽（气）排出，空气流量调节好后，过 15min，空气出口温度 $t_2(\text{℃})$ 可基本稳定。

四、实验方法与步骤

1. 实验前的准备、检查工作

（1）向电加热釜加水至液位计上端红线处。

（2）向冰水保温瓶中加入适量的冰水，并将冷端补偿热电偶插入其中。

（3）检查空气流量旁路调节阀是否全开。

（4）检查蒸汽管支路各控制阀是否已打开，保证蒸汽和空气管线畅通。

（5）接通电源总闸，设定加热电压，启动电加热釜开关，开始加热。

2. 实验开始

（1）一段时间后水沸腾，水蒸气自行充入普通套管换热器外管，观察蒸汽排出口有恒量蒸汽排出，标志着实验可以开始。

（2）约加热 10min 后，可提前启动鼓风机，保证实验开始时空气入口温度 t_1（℃）比较稳定。

（3）调节空气流量旁路阀的开度，使压差计的读数为所需的空气流量值（当旁路阀全开时，通过传热管的空气流量为所需的最小值，全关时为最大值）。

（4）稳定 5~8min 可转动各仪表选择开关读取 t_1、t_2、E 值（注意：第 1 个数据点必须稳定足够时间）。

（5）重复（3）与（4）共做 7~10 个空气流量值。最小、最大流量值一定要做。

（6）整个实验过程中，加热电压可以保持（调节）不变，也可随空气流量的变化作适当调节。

3. 转换支路

重复实验步骤 2 的内容，进行强化套管换热器的实验测定，获得 7~10 组实验数据。

4. 实验结束

（1）关闭加热器开关。

（2）过 5min 后关闭鼓风机，并将旁路阀全开。

（3）切断总电源。

（4）若需几天后再做实验，则应将电加热釜和冰水保温瓶中的水放干净。

五、实验要求

1. 根据所学传热的基本原理及装置条件确定实验项目，并拟定实验流程。

2. 实验前预习实验内容，包括熟悉实验目的、实验原理和实验装置，了解各仪表的使用方法和数据采集器。

3. 实验前完成实验预习报告，经指导老师审核同意后方可开始实验。

4. 按照实验操作规程要求和实验步骤进行实验，获取实验数据完整、准确。所有实验数据经指导老师审核同意后方可停止实验。

5. 注意实验安全、实验室卫生和课堂纪律，不得在实验期间大声喧哗、打闹，所有物品按要求摆放整齐。

6. 整理、分析、处理实验数据，撰写实验报告，实验报告每人一份。

六、操作注意事项

1. 由于采用热电偶测温，所以实验前要检查冰桶中是否有冰水混合物共存。检查热电偶的冷端，是否全部浸没在冰水混合物中。

2. 检查蒸汽加热釜中的水位是否在正常范围内。特别是每个实验结束后，进行下一实验之前，如果发现水位过低，应及时补给水量。

3. 必须保证蒸汽上升管线畅通，即在给蒸汽加热釜电压之前，两蒸汽支路控制阀之一必须全开。在转换支路时，应先开启需要的支路阀，再关闭另一侧，且开启和关闭控制阀必须缓慢，防止管线截断或蒸汽压力过大突然喷出。

4. 必须保证空气管线的畅通，即在接通风机电源之前，两个空气支路控制阀之一和旁路调节阀必须全开。在转换支路时，应先关闭风机电源，然后开启和关闭控制阀。

5. 电源线的相线、中线不能接错，实验架一定要接地。

6. 数字电压表及温度、压差的数字显示仪表的信号输入端不能"开路"。

七、实验结果与数据处理

1. 实验原始数据记录

实验原始数据与处理结果可列入表 2 中。

表 2　实验原始数据记录与处理

序号	空气流量计读数	进口空气压强 /kPa	管道压降 /kPa	热电偶温度示值							
				空气进口 t_1		空气出口 t_2		蒸汽温度 T		壁温 t_w	
				mV	℃	mV	℃	mV	℃	mV	℃
1											
2											
3											
4											
5											
6											
7											

2. 实验数据处理与结果

（1）根据所测数据，进行整理，在双对数坐标纸上以 Nu 为纵坐标，以 Re 为横坐标，作出 Nu-Re 曲线；

（2）从所作图（直）线，找出 $Nu = BRe^m$ 关系式并与传热关联式相比较；

（3）将光滑管与螺旋管的结果进行对比分析，给出实验结论。

八、思考题

1. 将换热管表面由光滑表面改成螺纹表面，为什么能起到强化传热效果？

2. 影响总传热系数 K 值的主要因素有哪些？

3. 有哪些强化传热的工程措施？

九、实验数据处理示例

1. 实验原始数据记录

普通套管换热器的实验原始数据记录于表3。

表3 普通套管换热器的实验原始数据及数据处理结果

序号	压差/kPa	空气进口温度 t_1/℃	空气出口温度 t_2/℃	进口温度下的流量 $q_{V_{t_1}}$/(m³/h)	进出口平均温度下流量 $q_{V_{\bar{t}}}$/(m³/h)	进出口温差 Δt_{m1}/℃	换热速率 Q/W	α	Nu	Re	$\lg\dfrac{Nu}{Pr^{0.4}}$	lgRe
1	0.84	25.8	60.5	18.80	19.89	54.73	215.24	62.59	45.09	20401.2	1.72	4.31
2	1.24	26.7	60.0	22.85	24.12	54.67	250.29	72.85	52.47	24707.7	1.78	4.39
3	1.64	27.1	59.4	26.27	27.69	54.36	278.78	81.61	58.79	28379.7	1.83	4.45
4	2.04	28.0	59.2	29.32	30.84	53.90	299.61	88.45	63.66	31546.3	1.87	4.50
5	2.44	29.1	59.1	32.09	33.68	53.92	314.17	92.73	66.65	34357.8	1.89	4.54
6	2.84	30.2	59.3	34.66	36.32	53.33	327.92	97.84	70.22	36908.5	1.91	4.57
7	3.24	31.4	59.7	37.06	38.79	52.59	339.70	102.80	73.63	39234.8	1.93	4.59
8	3.64	32.6	60.0	39.33	41.09	51.90	347.65	106.59	76.21	41391.1	1.95	4.62
9	3.76	33.6	60.4	40.02	41.77	51.24	344.84	107.10	76.44	41900.5	1.95	4.62

2. 实验数据的处理 （以普通套管第一行数据为例）

孔板流量计压差 $\Delta p = 0.84$ kPa、空气进口温度 $t_1 = 25.8$ ℃、空气出口温度 $t_2 = 60.5$ ℃、壁面温度热电势 4.239mV。

（1）传热管内径 d_i 及流通截面积 S

内径：$d_i = 20.0$ mm $= 0.02$ m

流通截面积：

$$S = \pi d_i^2/4$$
$$= 3.142 \times 0.02^2/4$$
$$\approx 3.142 \times 10^{-4} (\text{m}^2)$$

（2）传热管有效长度 L 及传热面积 A

$$L = 1.00\text{m}$$

传热面积（管内表面积）：

$$A = \pi d_i L$$
$$= 3.142 \times 1.0 \times 0.02$$
$$= 6.284 \times 10^{-2} (\text{m}^2)$$

（3）传热管测量段空气平均物性常数的确定

以第一组数据为例，先算出测量段空气的定性温度 $\bar{t}$。为简化计算，取 $\bar{t}$ 值为空气进口温度 t_1 及出口温度 t_2 的平均值，即：

$$\bar{t} = \frac{t_1 + t_2}{2}$$

$$= \frac{25.8+60.5}{2}$$

$$= 43.15 \text{ (℃)}$$

由此查得：测量段空气的平均密度 $\rho = 1.1170$ （kg/m³）；

测量段空气的平均比热容 $c_p = 1005$ [J/(kg·℃)]；

测量段空气的平均热导率 $\lambda = 0.0278$ [W/(m·℃)]；

测量段空气的平均黏度 $\mu = 0.0000192575$ （Pa·s）；

故传热管测量段空气的平均普朗特特征数的 0.4 次方为：

$$Pr = \frac{c_p \mu}{\lambda}$$

$$= \frac{1005 \times 0.0000192575}{0.0278}$$

$$\approx 0.6962$$

$$Pr^{0.4} = 0.6962^{0.4} \approx 0.865$$

（4）空气流过测量段平均体积流量 q_V 的计算

进口温度下的空气体积流量 $q_{V_{t_1}}$：

$$q_V = 21.68 \sqrt{\frac{\Delta p}{\rho_{t_1}}}$$

$$q_{V_{t_1}} = 21.68 \times \sqrt{\frac{0.84}{1.1170}}$$

$$\approx 18.80 \text{ (m}^3\text{/h)}$$

空气流过测量段平均温度下的体积流量 $q_{V_{\bar{t}}}$：

$$q_{V_{\bar{t}}} = q_{V_{t_1}} \times \frac{273+\bar{t}}{273+t_1}$$

$$= 18.80 \times \frac{273+43.15}{273+25.8}$$

$$\approx 19.89 \text{ (m}^3\text{/h)}$$

（5）冷热流体间的平均温度差 Δt_m 的计算

热电偶测得的壁温为：$T_w = 99.7℃$

$$\Delta t_m = \frac{\Delta t_1 - \Delta t_2}{\ln \dfrac{\Delta t_1}{\Delta t_2}}$$

$$= \frac{t_1 - t_2}{\ln \dfrac{\Delta t_1}{\Delta t_2}}$$

$$= \frac{60.5 - 25.8}{\ln \dfrac{99.7 - 25.8}{99.7 - 60.5}}$$

$$\approx 54.73 \text{ (℃)}$$

（6）传热速率

$$Q = q_m c_p \Delta t$$
$$= q_V \rho c_p \Delta t$$
$$= 19.89 \times 1.1170 \times (60.5 - 25.8) \times 1005 / 3600$$
$$\approx 215.24 \,(\text{W})$$

（7）其余计算

测量段空气平均流速：

$$\overline{u} = q_V / (S \times 3600) = 19.89 / (0.0003142 \times 3600)$$
$$\approx 17.59 \,(\text{m/s})$$

对流传热系数：

$$\alpha_i = Q / (\Delta t_m A_i)$$
$$= 215.24 / (54.73 \times 0.06284)$$
$$\approx 62.59 \,[\text{W}/(\text{m}^2 \cdot \text{℃})]$$

努塞尔特征数：

$$Nu = \alpha_i d_i / \lambda$$
$$= 62.59 \times 0.020 / 0.0278$$
$$\approx 45.09$$

雷诺特征数：

$$Re = d_i \overline{u} \rho / \mu$$
$$= 0.0200 \times 17.59 \times 1.1170 / 0.0000192575$$
$$\approx 20401.15$$

进一步计算 $\lg \dfrac{Nu}{Pr^{0.4}}$ $\lg Re$。

重复（1）～（7）的计算，将有关计算结果填入表3。

（8）作图、回归得到特征数关联式 $Nu = CRe^m Pr^{0.4}$ 中的系数

$$Nu = CRe^m Pr^{0.4}$$

两边取对数，整理得：

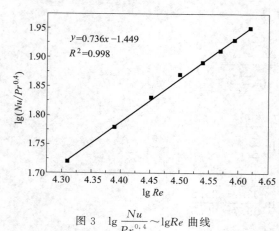

图3　$\lg \dfrac{Nu}{Pr^{0.4}} \sim \lg Re$ 曲线

$$\lg \frac{Nu}{Pr^{0.4}} = m \lg Re + \lg C$$

作图（图3）并得直线拟合方程：

$$\lg \frac{Nu}{Pr^{0.4}} = 0.736 \lg Re - 1.449$$

斜率为 0.736，即 $m = 0.736$；截距为 -1.449，得 $C = 0.0356$。

从而获得流体无相变时对流传热特征数关联式的一般形式为：

$$Nu = 0.0356 Re^{0.736} Pr^{0.4}$$

实验 2　吸收综合实验（氨-水吸收系统）

本实验以水作为吸收剂，吸收混合空气中的氨。吸收过程是依据气相中各溶质组分在液相中的溶解度不同而分离气体混合物的单元操作。在化学工业中，吸收操作广泛用于气体原料净化、组分的回收、产品制取和废气治理等方面。对吸收过程的研究，一般可分为对吸收过程本身的特点或规律进行研究和对吸收设备进行开发研究两个方向。前者的研究内容包括吸收剂和吸收速率等，研究成果可为吸收过程工艺开发和设计提供依据；后者研究的重点为开发新型高效的吸收设备，如新型高效填料、新型塔板结构等。

一、实验目的

1. 了解填料吸收塔的结构和流程。
2. 了解吸收剂进口条件的变化对吸收操作结果的影响。
3. 掌握吸收总体积传质系数 $K_Y \alpha$ 和吸收效率 η 的测定方法。

二、实验原理

1. 气体通过填料层的压降

压降是塔设计中的重要参数，气体通过填料层压降的大小决定了塔的动力消耗。压降与气液流量有关，不同喷淋量下填料层的压降 Δp 与空塔气速 u 的关系如图 1 所示。

当无液体喷淋即喷淋量 $L_0 = 0$ 时，干填料 $\Delta p \sim u$ 的关系是直线，如图中的直线 L_0。当有一定的喷淋量时，$\Delta p \sim u$ 的关系变成折线，并存在两个转折点，下转折点称为"载点"，上转折点称为"泛点"。这两个转折点将 $\Delta p \sim u$ 关系分为三个区段：恒持液量区、载液区与液泛区。

2. 总传质系数 K_Y 的测定

吸收塔物料衡算示意图如图 2 所示。

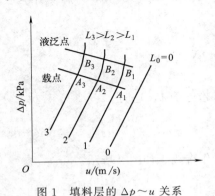

图 1　填料层的 $\Delta p \sim u$ 关系

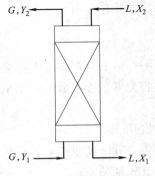

图 2　吸收塔物料衡算

（1）总传质系数的计算公式

填料层的高度为：

$$Z = \int_0^Z \mathrm{d}Z$$

$$= \frac{G}{K_Y \alpha \Omega} \int_{Y_2}^{Y_1} \frac{\mathrm{d}Y}{Y - Y^*}$$

令：

$$H_{OG} = \frac{G}{K_Y \alpha \Omega}$$

$$N_{OG} = \int_{Y_2}^{Y_1} \frac{\mathrm{d}Y}{Y - Y^*}$$

$$Z = H_{OG} N_{OG} \tag{1}$$

式中　Z——填料层的高度，m；

　　　G——惰性气体流量，kmol/s；

　　K_Y——以 ΔY 为推动力的气相总传质系数，$kmol/(m^2 \cdot s)$；

　　　α——$1m^3$ 填料的有效气液传质面积，m^2/m^3；

　$K_Y \alpha$——体积传质系数，$kmol/(m^3 \cdot s)$；

　　　Ω——塔的横截面积，m^2；

　　　Y——混合气体中溶质与惰性组分的摩尔比；

　　Y^*——平衡时气相中溶质与惰性组分的摩尔比；

　H_{OG}——气相总传质单元高度；

　N_{OG}——气相总传质单元数。

对于低浓度的气体吸收，其逆流操作时操作线方程为：

$$Y = \frac{L}{G} X + \left(Y_1 - \frac{L}{G} X_1 \right) \tag{2}$$

式中　L——通过吸收塔的吸收剂的量，kmol/s；

　　　X——组分在液相中的摩尔比，$\dfrac{kmol_{(溶质)}}{kmol_{(溶剂)}}$。

在稳定条件下，由于 L、G、X_1、Y_1 均为定值，故操作线是一条直线，它描述了塔的任意截面上气、液两相浓度之间的关系。

根据亨利定律，有：

$$Y^* = \frac{mX}{1 + (1-m)X} \tag{3}$$

式中　m——相平衡常数，无量纲。

当吸收为低浓度吸收时，溶液浓度很低，分母趋近于 1，这时

$$Y^* = mX \tag{4}$$

相平衡线也是一条直线。

本实验为低浓度吸收，操作线和平衡线均可看作直线，如图 3 所示。

塔底气相推动力：

$$\Delta Y = Y_1 - Y_1^*$$

塔顶气相推动力：

$$\Delta Y_2 = Y_2 - Y_2^*$$

又

$$\frac{d(\Delta Y)}{dY} = \frac{\Delta Y_1 - \Delta Y_2}{Y_1 - Y_2}$$

$$dY = \frac{d(\Delta Y)}{\dfrac{\Delta Y_1 - \Delta Y_2}{Y_1 - Y_2}}$$

$$N_{OG} = \int_{Y_2}^{Y_1} \frac{dY}{Y - Y^*}$$

$$= \frac{Y_1 - Y_2}{\Delta Y_1 - \Delta Y_2} \int_{\Delta Y_2}^{\Delta Y_1} \frac{d(\Delta Y)}{\Delta Y}$$

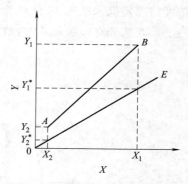

图 3　吸收实验的操作线和平衡线

令：

$$\Delta Y_m = \frac{\Delta Y_1 - \Delta Y_2}{\ln \dfrac{\Delta Y_1}{\Delta Y_2}}$$

$$= \frac{(Y_1 - Y_1^*) - (Y_2 - Y_2^*)}{\ln \dfrac{Y_1 - Y_1^*}{Y_2 - Y_2^*}}$$

则：

$$N_{OG} = \frac{Y_1 - Y_2}{\Delta Y_m} \tag{5}$$

式中　ΔY_m——填料层上、下两截面对数平均吸收推动力。

将式（5）代入式（1），得

$$Z = \frac{G}{K_Y a \Omega} \times \frac{Y_1 - Y_2}{\Delta Y_m}$$

移项得

$$K_Y a = \frac{G}{Z\Omega} \times \frac{Y_1 - Y_2}{\Delta Y_m} \tag{6}$$

（2）体积传质系数 $K_Y a$ 的求法

从式（6）可见，要测定 $K_Y a$ 值，应把公式右边各项分别求出。在本实验中，Y_1 由测定进气中的氨量和空气量求出，Y_2 由尾气分析器测出，a 值由上述方法求出，Y^* 由平衡关系求出，而 $\Omega = \frac{\pi}{4} D^2$。

三、实验装置

1. 实验流程

实验流程示意图见图 4，空气由鼓风机 1 送入空气转子流量计 3 计量，空气通过流量计处的温度由温度计 4 测量，空气流量由调节阀 2 调节。氨气由氨瓶送出，经过氨瓶阀门 8 进入氨气转子流量计 9 计量，氨气通过转子流量计处温度由实验时大气温度代替，其流量由调节阀 10 调节，然后进入空气管道与空气混合后进入填料吸收塔 7 的底部。水由自来水管经水转子流量计 11 计量，水的流量由调节阀 12 调节，然后进入塔顶。分析塔顶尾气浓度时靠降低水准瓶 16 的位置，将塔顶尾气吸入吸收瓶 14 和量气管 15。在吸入塔顶尾气之前，应先在吸收瓶 14 内放入 5mL 已知浓度的硫酸，用于吸收尾气中的氨。

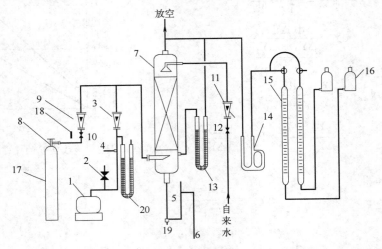

图 4　填料吸收塔实验装置流程示意图

1—鼓风机；2—空气流量调节阀；3—空气转子流量计；4—空气温度计；5—液封管；6—吸收液取样口；

7—填料吸收塔；8—氨瓶阀门；9—氨气转子流量计；10—氨气流量调节阀；11—水转子流量计；

12—水流量调节阀；13—U 形管压差计；14—吸收瓶；15—量气管；16—水准瓶；17—氨气瓶；

18—氨气温度；19—吸收液温度；20—空气进入流量计处压力

2. 设备主要技术数据及其附件

(1) 设备参数

① 鼓风机：XGB 型旋涡气泵，型号 2，最大压力 1176kPa，最大流量 $75m^3/h$。

② 填料塔：玻璃管，内装 $10mm \times 10mm \times 1.5mm$ 瓷拉西环，填料层高度 $Z=0.4m$，填料塔内径 $D=0.075m$。

③ 液氨瓶 1 个、氨气减压阀 1 个。

(2) 流量测量

① 空气转子流量计：型号 LZB-25；流量范围 $2.5 \sim 25m^3/h$；精度 2.5%。

② 水转子流量计：型号 LZB-6；流量范围 $6 \sim 60L/h$；精度 2.5%。

③ 氨转子流量计：型号 LZB-6；流量范围 $0.06 \sim 0.6m^3/h$；精度 2.5%。

(3) 浓度测量

塔底吸收液浓度分析：定量化学分析仪一套。

塔顶尾气浓度分析：吸收瓶，量气管，水准瓶一套。

(4) 温度测量

转换开关：0—空气温度；1—氨气温度；2—吸收液温度。

四、实验方法与步骤

1. 测量干填料层 $\dfrac{\Delta p}{Z} \sim u$ 关系曲线

先全开调节阀 2，后启动鼓风机，用阀 2 调节进塔的空气流量，按空气流量从小到大的顺序读取填料层压降 Δp，记录转子流量计读数和流量计处空气温度，然后在对数坐标纸上以空塔气速 u 为横坐标，以单位高度的压降 $\frac{\Delta p}{Z}$ 为纵坐标，标绘干填料层 $\frac{\Delta p}{Z} \sim u$ 关系曲线。

2. 测量某喷淋量下填料层 $\frac{\Delta p}{Z} \sim u$ 关系曲线

水喷淋量为 40L/h 时，用上面相同方法读取填料层压降 Δp、转子流量计读数和流量计处空气温度并注意观察塔内的操作现象，一旦看到液泛现象记下对应的空气转子流量计读数。在对数坐标纸上标出液体喷淋量为 40L/h 下，$\frac{\Delta p}{Z} \sim u$ 关系曲线，确定液泛气速，并与观察的液泛气速相比较。

（1）选择适宜的空气流量和水流量（建议水流量为 30L/h），根据空气转子流量计读数为保证混合气体中氨组分为 0.02～0.03（摩尔比），计算出氨气流量计流量读数。

（2）调节好空气和水的流量后，打开氨瓶阀门 8 调节氨流量，使其达到需要值，在空气、氨气和水的流量不变条件下，当过程基本稳定后，记录各流量计读数和温度，记录塔底排出液的温度，并分析塔顶尾气及塔底吸收液的浓度。

（3）尾气分析方法：

① 排出两个量气管内空气，使其中水面达到最上端的刻度线零点处，并关闭三通旋塞。

② 用移液管向吸收瓶内装入 5mL 浓度为 0.005mol/L 左右的硫酸并加入 1～2 滴甲基橙指示液。

③ 将水准瓶移至下方的实验架上，缓慢地旋转三通旋塞，让塔顶尾气通过吸收瓶。旋塞的开度不宜过大，以能使吸收瓶内液体以适宜的速度不断循环流动为限。

从尾气开始通入吸收瓶起就必须始终观察瓶内液体的颜色，中和反应达到终点时立即关闭三通旋塞，在量气管内水面与水准瓶内水面齐平的条件下读取量气管内空气的体积。

若某量气管内已充满空气，但吸收瓶内未达到终点，可关闭对应的三通旋塞，读取该量气管内的空气体积，同时启用另一个量气管，继续让尾气通过吸收瓶。

④ 计算尾气浓度 Y_2。因为氨与硫酸中和反应式为：

$$2NH_3 + H_2SO_4 =\!=\!= (NH_4)_2SO_4 \tag{7}$$

所以到达化学计量点（滴定终点）时，被滴物的物质的量 n_{NH_3} 和滴定剂的物质的量 $n_{H_2SO_4}$ 之比为：

$$n_{NH_3} : n_{H_2SO_4} = 2 : 1$$
$$n_{NH_3} = 2n_{H_2SO_4} \tag{8}$$
$$= 2c_{H_2SO_4} V_{H_2SO_4}$$

$$Y_2 = \frac{n_{NH_3}}{N_{空气}} \tag{9}$$
$$= \frac{2c_{H_2SO_4} V_{H_2SO_4}}{(V_{量气管} \times T_0/T)/22.4}$$

式中　n_{NH_3}、$N_{空气}$——NH₃、空气的物质的量，mol；

　　　　$c_{H_2SO_4}$——硫酸溶液体积物质的量浓度，mol/L；

　　　　$V_{H_2SO_4}$——硫酸溶液的体积，mL；

　　　　$V_{量气管}$——量气管内空气的总体积，mL；

　　　　T_0——标准状态时绝对温度，273K；

　　　　T——操作条件下的空气绝对温度，K。

（4）塔底吸收液的分析方法如下：

① 当尾气分析吸收瓶达终点后即用三角瓶接取塔底吸收液样品，约200mL并加盖。

② 用移液管取塔底溶液10.00mL置于另一个三角瓶中，加入2滴甲基橙指示液。

③ 将浓度约为0.05mol/L的硫酸置于酸滴定管内，用以滴定三角瓶中的塔底溶液至终点。

④ 水喷淋量保持不变，加大或减小空气流量，相应地改变氨流量，使混合气中的氨浓度与第一次传质实验时相同，重复上述操作，测定有关数据。

五、操作注意事项

1. 启动鼓风机前，务必先全开空气流量调节阀2。

2. 做传质实验时，水流量不能超过40L/h，否则尾气中的氨浓度极低，影响尾气分析的结果。

3. 两次传质实验所用的进气氨浓度必须一样。

六、实验结果与数据处理

1. 实验原始数据记录

将实验数据整理在数据表1中，并用其中一组数据写出计算过程。

表1　氨吸收实验数据记录表

填料层高度 Z _____，填料塔内径 D _____，压强_____，温度_____

序号	空气流量 $V_{空气}$ /(m³/h)	氨气流量 $V_{氨}$ /(L/h)	水流量 L /(m³/h)	空塔气速 u /(m/h)	气相温度 /℃	空气入口压差 /cmH₂O	填料层压强降 Δp /cmH₂O	$\Delta p/Z$ /(cmH₂O/m)
1								
2								
3								
...								

2. 实验数据处理及结果

（1）将干料层时和某喷淋量下填料层的 $\dfrac{\Delta p}{Z} \sim u$ 关系在双对数坐标纸上表示出来。

（2）对实验结果进行分析、讨论：

① 对两次实验的 Y_2 和 φ_A 进行比较、讨论；

② 对两次实验的 $K_Y\alpha$ 值进行比较、讨论。

七、思考题

1. 填料吸收塔塔底为什么要有液封？
2. 通过实验及实验数据处理，分析讨论吸收剂流量大小对吸收有哪些影响。
3. 增加或减少气体流量对吸收有何影响？

八、实验数据处理示例

1. 填料塔液体力学性能测定

$Z=0.4\text{m}$，$D=0.075\text{m}$。实验数据记录如表 2。

表 2　氨吸收实验数据记录表

空气流量 $V_{空气}$ /(m³/h)	氨气流量 $V_{氨}$ /(L/h)	水流量 L /(m³/h)	塔压差 Δp /cmH$_2$O	空气入口压差 /cmH$_2$O	气相温度 /℃	液相温度 /℃
11.2	0.28	30	8.1	26.4	44.1	32.3

尾气分析：用 5mL 0.05mol/L 的硫酸吸收尾气，甲基橙作为指示剂，量气筒测试空气体积。

2. 吸收总体积传质系数 $K_Y\alpha$ 的计算

塔底吸收液的分析：滴定 1.0mL，塔底吸收液消耗 45.05mL 0.05mol/L H$_2$SO$_4$。

塔底气相浓度：

$$Y_1 = \frac{V_{氨}}{V_{空气}} = 0.025$$

塔顶气相浓度：

$$Y_2 = \frac{2 \times c_{H_2SO_4} V_{H_2SO_4}}{\dfrac{V_{量}}{22.4}} = 0.00659$$

塔底液相浓度：

$$X_1 = \frac{2 \times c_{H_2SO_4} V_{H_2SO_4}}{V_{氨} \times \dfrac{100}{18}} = 0.008109$$

液相温度为 32.3℃，根据相平衡常数与温度 T 关系曲线得到相平衡常数 $m=1.47$。
平衡浓度：

$$Y_1^* = mX_1 = 1.47 \times 0.008109 \approx 0.0119$$

$$\Delta Y_1 = Y_1 - Y_1^* = 0.025 - 0.0119 = 0.0131$$

$$Y_2^* = 0$$

$$\Delta Y_2 = Y_2 - Y_2^* = 0.00659 - 0 = 0.00659$$

平均浓度差：

$$\Delta Y_m = \frac{\Delta Y_1 - \Delta Y_2}{\ln(\Delta Y_1 / \Delta Y_2)} \approx 0.00948$$

$$N_{OG} = \frac{Y_1 - Y_2}{\Delta Y_m} \approx 1.942$$

气相总传质单元高度：

$$H_{OG} = \frac{Z}{N_{OG}} = \frac{0.4}{1.942} \approx 0.206 \,(\text{m})$$

空气的摩尔流量：

$$G = \frac{V_m}{22.4} = \frac{11.2}{22.4} \approx 0.5 \,(\text{mol/h})$$

塔的横截面积：

$$\Omega = \frac{\pi}{4} \times D^2 \approx 0.00418 \,(\text{m}^2)$$

气相总体积吸收常数：

$$K_Y \alpha = \frac{G}{H_{OG}\Omega} = \frac{0.5}{0.206 \times 0.00408 \times 3600}$$

$$\approx 0.161 \,[\text{mol/(m}^3 \cdot \text{s})]$$

NH$_3$-H$_2$O 系统
平衡常数 m
与温度 t 之
间的关系图

3. 吸收效率 η 的计算

吸收效率 η：

$$\eta = \frac{Y_1 - Y_2}{Y_1} = \frac{0.025 - 0.00659}{0.025} \times 100\% \approx 73.6\%$$

实验 3　吸收和解吸综合实验（二氧化碳-水吸收系统）

本实验以水作为吸收剂吸收混合空气中的 CO_2。气体吸收是典型的传质过程之一。由于 CO_2 气体无味、无毒、廉价，所以气体吸收实验常选择 CO_2 作为溶质组分。一般 CO_2 在水中的溶解度很小，即使预先将一定量的 CO_2 气体通入空气中混合以提高空气中的 CO_2 浓度，水中的 CO_2 含量仍然很低，所以吸收的计算方法可按低浓度来处理，并且此体系 CO_2 气体的解吸过程属于液膜控制，故本实验主要测定 $K_X \alpha$。

一、实验目的

1. 了解吸收与解吸装置的设备结构、流程和操作。

2. 学会填料吸收塔流体力学性能的测定方法，了解影响填料塔流体力学性能的因素。

3. 学会吸收塔传质系数的测定方法，了解气速和喷淋密度对吸收总传质系数的影响。

4. 学会解吸塔传质系数的测定方法，了解影响解吸传质系数的因素。

5. 练习吸收解吸联合操作，观察塔釜溢流及液泛现象。

二、实验原理

1. 填料塔流体力学性能测定实验

气体在填料层内的流动一般处于湍流状态。在干填料层内，气体通过填料层的压降与流速（或风量）呈正比。

当气液两相逆流流动时，液膜占去了一部分气体流动的空间。在气体流量相同下，填料空隙间的实际气速有所增加，压降也有所增加。同理，在气体流量相同的情况下，液体流量越大，液膜越厚，填料空间越小，压降也越大。因此，当气液两相逆流流动时，气体通过填料层的压降要比干填料层大。

当气液两相逆流流动，低气速操作时，液膜厚度随气速变化不大，液膜增厚所造成的附加压降并不显著，此时压降曲线基本与干填料层的压降曲线平行。但当气速继续提高到一定值时，由于液膜增厚对压降影响显著，此时压降曲线开始变陡，这些点称之为载点。不难看出，载点的位置并不十分明确，但它提示人们，自载点开始，气液两相流动的交互影响已不容忽视。

自载点以后，气液两相的交互作用越来越强，当气液流量达到一定值时，两相的交互作用恶性发展，将出现液泛现象，在压降曲线上压降急剧升高，此点称为泛点。

吸收塔中填料的作用主要是增加气液两相的接触面积，而气体在通过填料层时，由于存在局部阻力和摩擦阻力而产生压降。压降是塔设计中的重要参数，气体通过填料层压降的大小决定了塔的动力消耗。压降与气、液流量有关，不同液体喷淋量下填料层的压降 Δp 与空气流速 u 的关系如图 1 所示。

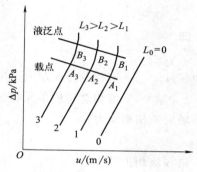

图 1　填料层的 $\Delta p \sim u$ 关系

空气流速计算：

$$u = \frac{G}{\Omega} \qquad (1)$$

式中　u——空气流速，m/h；

　　　G——空气流量，m^3/h；

　　　Ω——填料塔截面积，m^2，$\Omega = \pi \left(\dfrac{1}{2}d\right)^2$，$d$ 为填料塔内径，取 $d = 0.1m$。

当无液体喷淋即喷淋量 $L_0 = 0$ 时，干填料的 $\Delta p \sim u$ 关系是直线，如图中的直线 L_0。当有一定的喷淋量时，$\Delta p \sim u$ 的关系变成折线，并存在两个转折点，下转折点称为"载点"，上转折点称为"泛点"。这两个转折点将 $\Delta p \sim u$ 关系分为三个区段：恒持液量区、载液区与液泛区。

本装置采用给定水量恒定时，测出不同风量下的压降。

2. 吸收实验

吸收实验物料衡算示意图如图 2 所示。

低浓度液体稳态吸收塔的填料层高度的基本公式为：

$$Z = \int_0^Z \mathrm{d}Z$$

$$= \frac{L}{K_X \alpha \Omega} \int_{X_2}^{X_1} \frac{\mathrm{d}X}{X^* - X}$$

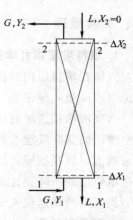

图 2 吸收实验物料
衡算示意图

式中　Z——填料层的高度，m；

　　　L——水的流量，kmol/h；

　　　K_X——以 ΔX 为推动力的液相吸收总传质系数，kmol/
　　　　　　$(\mathrm{m}^2 \cdot \mathrm{h})$；

　　　α——1m³ 填料的有效气液传质面积，m²/m³；

　　　$K_X \alpha$——体积传质系数，kmol/$(\mathrm{m}^3 \cdot \mathrm{h})$；

　　　Ω——塔的横截面积，m²；

　　　X——液相中溶质与溶剂的摩尔比；

　　　X^*——表示平衡时的液相中溶质与溶剂的摩尔比。

令：

$$H_{OL} = \frac{L}{K_X \alpha \Omega} \tag{2}$$

$$N_{OL} = \int_{X_2}^{X_1} \frac{\mathrm{d}X}{X^* - X} \tag{3}$$

即

$$Z = H_{OL} N_{OL} \tag{4}$$

式中　H_{OL}——液相总传质单元高度；

　　　N_{OL}——液相总传质单元数。

塔底液相推动力：

$$\Delta X_1 = X_1^* - X_1 \tag{5}$$

塔顶液相推动力：

$$\Delta X_2 = X_2^* - X_2 \tag{6}$$

又

$$\frac{\mathrm{d}(\Delta X)}{\mathrm{d}X} = \frac{\Delta X_1 - \Delta X_2}{X_1 - X_2}$$

$$\mathrm{d}X = \frac{\mathrm{d}(\Delta X)}{\dfrac{\Delta X_1 - \Delta X_2}{X_1 - X_2}}$$

$$N_{OL} = \int_{X_2}^{X_1} \frac{\mathrm{d}X}{X^* - X}$$

$$= \frac{X_1 - X_2}{\Delta X_1 - \Delta X_2} \int_{\Delta X_2}^{\Delta X_1} \frac{\mathrm{d}(\Delta X)}{\Delta X}$$

令

$$\Delta X_m = \frac{\Delta X_1 - \Delta X_2}{\ln \dfrac{\Delta X_1}{\Delta X_2}}$$

$$= \frac{(X_1^* - X_1) - (X_2^* - X_2)}{\ln \dfrac{X_1^* - X_1}{X_2^* - X_2}}$$

则液相总传质系数：

$$N_{OL} = \frac{X_1 - X_2}{\Delta X_m} \tag{7}$$

式中　ΔX_m——填料层上、下两截面吸收推动力。

将式（2）、式（7）代入式（4），得：

$$Z = \frac{L}{K_X a \Omega} \times \frac{X_1 - X_2}{\Delta X_m}$$

移项得：

$$K_X a = \frac{L}{Z \Omega} \times \frac{X_1 - X_2}{\Delta X_m} \tag{8}$$

则液相总体积传质系数为：

$$K_X a = \frac{L}{H_{OL} \Omega} \tag{9}$$

（1）惰性气体流量 G、吸收剂流量 L 及气液相组成 Y、X 的计算

由涡轮流量计和质量流量计分别测得水的体积流量 $V_水$、空气体积流量 $V_{空气}$（显示为 20℃，101.325kPa 标准状态下的流量），y_1 及 y_2 可由 CO_2 分析仪直接读出，将水流量单位进行换算：

$$L = \frac{V_水 \rho_水}{M_水} \tag{10}$$

式中　L——水的流量，kmol/h；

　　$V_水$——由流量计测得水的体积流量，m^3/h；

　　$\rho_水$——水的密度，20℃时，$\rho_水 = 998.2kg/m^3$；

　　$M_水$——水的摩尔质量，$M_水 = 18kg/kmol$。

将气体流量单位进行换算：

$$G = \frac{V_{空气} \rho_{空气}}{M_{空气}} \tag{11}$$

式中　G——空气流量，kmol/h；

　　$V_{空气}$——由流量计测得的空气体积流量，m^3/h；

　　$\rho_{空气}$——空气密度，标准状态下，$\rho_{空气} = 1.205kg/m^3$；

　　$M_{空气}$——空气的摩尔质量，$M_{空气} = 29kg/kmol$。

因此可计算出 L、G。

二氧化碳体积分数转换：

$$Y_1 = \frac{y_1}{1 - y_1} \tag{12}$$

$$Y_2 = \frac{y_2}{1 - y_2} \tag{13}$$

其中 y_1 及 y_2 由二氧化碳检测仪直接读出。

认为吸收剂自来水中不含 CO_2，则 $X_2=0$，又由全塔物料衡算：

$$L(X_1-X_2)=G(Y_1-Y_2) \tag{14}$$

可得

$$X_1=\frac{G(Y_1-Y_2)}{L}$$

（2）ΔX_m 的计算

$$\Delta X_m=\frac{\Delta X_1-\Delta X_2}{\ln\dfrac{\Delta X_1}{\Delta X_2}} \tag{15}$$

当低浓度吸收时，溶液浓度很低，亨利定律可表示为 $Y^*=mX$。

$X_1{}^*$、$X_2{}^*$ 由下式计算：

$$X_1{}^*=\frac{Y_1}{m} \tag{16}$$

$$X_2{}^*=\frac{Y_2}{m} \tag{17}$$

相平衡常数 m 参见表1。

表 1　不同温度下 CO_2-H_2O 的相平衡常数

温度/℃	5	10	15	20	25	30	35	40
m	877	1040	1220	1420	1640	1860	2083	2297

3. 解吸实验

解吸实验物料衡算示意图如图3所示。

解吸塔填料层高度的基本公式为：

$$Z=\int_0^Z \mathrm{d}Z$$

$$=\frac{G}{K_Y\alpha\Omega}\int_{Y_2}^{Y_1}\frac{\mathrm{d}Y}{Y^*-Y}$$

式中　Z——填料层的高度，m；

　　　G——空气的流量，kmol/h；

　　　K_Y——以 ΔY 为推动力的气相解吸总传质系数，kmol/($m^2\cdot$h)；

　　　α——$1m^3$ 填料的有效气液传质面积，m^2/m^3；

　　$K_Y\alpha$——体积传质系数，kmol/($m^3\cdot$h)；

　　　Ω——塔的横截面积，m^2；

　　　Y——混合气相中溶质与惰性组分的摩尔比；

　　　Y^*——表示平衡时气相中溶质与惰性组分的摩尔比。

令：

$$H_{OG}=\frac{G}{K_Y\alpha\Omega} \tag{18}$$

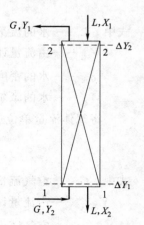

图 3　解吸实验物料
衡算示意图

$$N_{\text{OG}} = \int_{Y_2}^{Y_1} \frac{\mathrm{d}Y}{Y^* - Y} \tag{19}$$

即

$$Z = H_{\text{OG}} N_{\text{OG}} \tag{20}$$

式中　H_{OG}——气相总传质单元高度；

　　　N_{OG}——气相总传质单元数。

塔底气相推动力：

$$\Delta Y_2 = Y_2^* - Y_2 \tag{21}$$

塔顶气相推动力：

$$\Delta Y_1 = Y_1^* - Y_1 \tag{22}$$

又

$$\frac{\mathrm{d}(\Delta Y)}{\mathrm{d}Y} = \frac{\Delta Y_1 - \Delta Y_2}{Y_1 - Y_2}$$

$$\mathrm{d}Y = \frac{\mathrm{d}(\Delta Y)}{\dfrac{\Delta Y_1 - \Delta Y_2}{Y_1 - Y_2}}$$

$$N_{\text{OG}} = \int_{Y_2}^{Y_1} \frac{\mathrm{d}Y}{Y^* - Y}$$

$$= \frac{Y_1 - Y_2}{\Delta Y_1 - \Delta Y_2} \int_{\Delta Y_2}^{\Delta Y_1} \frac{\mathrm{d}(\Delta Y)}{\Delta Y}$$

令

$$\Delta Y_{\text{m}} = \frac{\Delta Y_1 - \Delta Y_2}{\ln \dfrac{\Delta Y_1}{\Delta Y_2}}$$

$$= \frac{(Y_1^* - Y_1) - (Y_2^* - Y_2)}{\ln \dfrac{Y_1^* - Y_1}{Y_2^* - Y_2}}$$

则：

$$N_{\text{OG}} = \frac{Y_1 - Y_2}{\Delta Y_{\text{m}}} \tag{23}$$

式中　ΔY_{m}——填料层上、下两截面解吸推动力。

将式（18）、式（23）代入式（20），得：

$$Z = \frac{G}{K_Y a \Omega} \times \frac{Y_1 - Y_2}{\Delta Y_{\text{m}}}$$

移项得

$$K_Y a = \frac{G}{Z\Omega} \times \frac{Y_1 - Y_2}{\Delta Y_{\text{m}}} \tag{24}$$

则气相总体积传质系数为：

$$K_Y a = \frac{G}{H_{\text{OG}} \Omega} \tag{25}$$

（1）惰性气体流量 G、水流量 L 及气液相组成 Y、X 的计算

由流量计可测得水的体积流量 $V_水$ 和空气的体积流量 $V_{空气}$，y_1 及 y_2 可由二氧化碳分析仪直接读出，将水流量单位进行换算：

$$L = \frac{V_水 \rho_水}{M_水}$$

式中　L——水的流量，kmol/h；

$V_水$——由流量计测得水的体积流量，m^3/h；

$\rho_水$——水的密度，20℃时，$\rho_水 = 998.2 kg/m^3$；

$M_水$——水的摩尔质量，$M_水 = 18 kg/kmol$。

将气体流量单位进行换算：

$$G = \frac{V_{空气} \rho_{空气}}{M_{空气}}$$

式中　G——空气流量，kmol/h；

$V_{空气}$——由流量计测得空气的体积流量，m^3/h；

$\rho_{空气}$——空气密度，标准状态下，$\rho_{空气} = 1.205 kg/m^3$；

$M_{空气}$——空气的摩尔质量，$M_{空气} = 29 kg/kmol$。

因此可计算出 L、G。

二氧化碳体积分数转换：

$$Y_1 = \frac{y_1}{1 - y_1}$$

$$Y_2 = \frac{y_2}{1 - y_2}$$

认为空气中不含 CO_2，则 $y_1 = 0$。进塔液体中 X_2 有两种情况，一是直接将吸收后的液体用于解吸，则其浓度即为前吸收计算出来的实际浓度 X_1；二是只作解吸实验，可将 CO_2 充分溶解在液体中，近似形成该温度下的饱和浓度，其 X_2 可由亨利定律求算出：

$$X_2 = \frac{y}{m}$$

$$= \frac{1}{m}$$

又由全塔物料衡算：

$$L(X_2 - X_1) = G(Y_2 - Y_1)$$

则可计算出 X_1。

（2）ΔY_m 的计算

$$\Delta Y_m = \frac{\Delta Y_2 - \Delta Y_1}{\ln \dfrac{\Delta Y_2}{\Delta Y_1}} \tag{26}$$

当低浓度解吸时，溶液浓度很低，亨利定律可表示为：$Y^* = mX$。

式中 Y_1^*、Y_2^* 由式（27）和式（28）计算：

$$Y_1^* = mX_1 \tag{27}$$

$$Y_2^* = mX_2 \tag{28}$$

相平衡常数 m 参见表1。

三、实验装置

1. 实验流程图

本实验是在填料塔中用水吸收混合气中的 CO_2，和用空气解吸吸收液中的 CO_2 以求取填料塔的吸收传质系数和解吸传质系数。实验流程如图4所示。

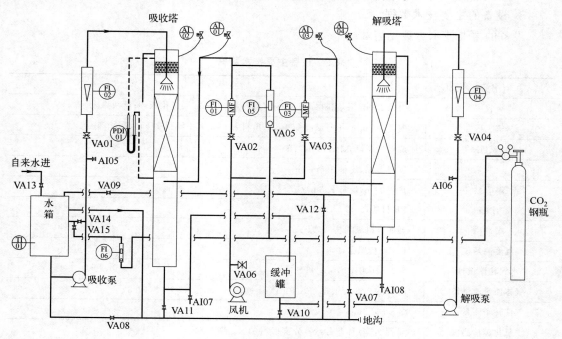

图 4 吸收与解吸实验流程图

VA01—吸收液流量调节阀；VA02—吸收塔空气流量调节阀；VA03—解吸塔空气流量调节阀；

VA04—解吸液流量调节阀；VA05—吸收塔 CO_2 流量调节阀；VA06—风机旁路调节阀；

VA07—解吸塔放净阀；VA08—水箱放净阀；VA09—解吸液回流阀；VA10—缓冲罐放净阀；

VA11—吸收塔放净阀；VA12—解吸液排液阀；VA13—自来水进液阀；VA14—吸收液循环阀；

VA15—水箱 CO_2 流量调节阀；AI01—吸收塔进气采样阀；AI02—吸收塔出气采样阀；

AI03—解吸塔进气采样阀；AI04—解吸塔出气采样阀；AI05—吸收塔塔顶液体采样阀；

AI06—解吸塔塔顶液体采样阀；AI07—吸收塔塔底液体采样阀；AI08—解吸塔塔底液体采样阀；

TI01—液相温度；FI01—吸收空气流量；FI02—吸收液流量；FI03—解吸空气流量；FI04—解吸液流量；

FI05—吸收塔 CO_2 气体流量；FI06—水箱 CO_2 气体流量；PDI01—U 形压差计（±2000Pa）

2. 流程说明

空气来自风机出口总管，分成两路：一路经流量计 FI01 与来自流量计 FI05 的 CO_2 气混合后进入填料吸收塔底部，与塔顶喷淋下来的吸收剂（水）逆流接触吸收，吸收后的尾气从塔顶排出；另一路经流量计 FI03 进入填料解吸塔底部，与塔顶喷淋下来的含 CO_2 水溶液逆流接触进行解吸，解吸后的尾气从塔顶排出。

钢瓶中的 CO_2 经减压阀分成两路：一路经调节阀 VA05、流量计 FI05 进入吸收塔；

另一路经 FI06、VA15 进入水箱与循环水充分混合可形成饱和 CO_2 水溶液。

自来水先进水箱，经过离心泵送入塔顶，吸收液流入塔底，分成两种情况：一是若只做吸收实验，吸收液流经缓冲罐后直接排地沟；二是若做吸收-解吸联合操作实验，可开启解吸泵，将溶液经流量计 FI04 送入解吸塔顶，经解吸后的溶液从解吸塔底流经倒 U 管排入地沟。

在吸收塔气相进口设有取样点 AI01，出口上设有取样点 AI02，在解吸塔气体进口设有取样点 AI03，出口有取样点 AI04，气体从取样口进入二氧化碳分析仪进行含量分析。

3. 设备的主要技术数据

设备的主要技术参数见表 2。

表 2 设备主要技术数据

名称	技术参数
吸收塔	内径 100mm；填料层高 550mm；填料为 φ10mm 陶瓷拉西环；丝网除沫
解吸塔	内径 100mm；填料层高 550mm；填料为 φ6mm 不锈钢 θ 环；丝网除沫
风机	旋涡气泵，16kPa，145m³/h
吸收泵	扬程 14m，流量 3.6m³/h
解吸泵	扬程 14m，流量 3.6m³/h
水箱	PE 材质，50L
缓冲罐	透明有机玻璃材质，9L
温度测量仪	Pt100 传感器，0.1℃
水涡轮流量计	200～1000L/h，0.5%FS
气体质量流量计	0～18m³/h，±1.5%FS(FI01)；0～1.2m³/h，±1.5%FS(FI03)
气体转子流量计	0.3～3L/min
二氧化碳检测仪	量程 20%（体积分数），分辨率 0.01%（体积分数）
U 形差压计	±2000Pa

四、实验方法与步骤

1. 填料塔流体力学性能测定

（1）依次开启实验装置的总电源、控制电源，开启电脑，运行控制软件，开启风机，从小到大调节空气流量，测定吸收塔干填料的塔压降，并记下空气流量、塔压降，按 2m³/h、4m³/h、6m³/h、8m³/h、10m³/h、12m³/h（为建议值）调节，得到 $\Delta p \sim u$ 的关系。

（2）开动吸收泵，调节 FI02 数值为 200L/h，对吸收塔填料进行润湿 5min。然后把水流量调节到指定流量（一般为 0L/h、200L/h、300L/h、400L/h）。

（3）开启风机，从小到大调节空气流量，观察填料塔中液体流动状况，并记下空气流量、塔压降和流动状况。实验接近液泛时，进塔气体的流速要放慢，待各参数稳定后再读数据。液泛时，在几乎不变气速下填料层压降明显上升，务必要掌握这个特点。并注意不要使气速过分超过泛点，避免冲破填料。

（4）关闭水和空气流量计，停止吸收泵和风机。

2. 单独吸收实验（软件操作请扫描本实验后二维码获取）

（1）水箱中加入自来水至水箱液位的 75% 左右，开启吸收泵，待吸收塔底有一定液位时，调节吸收液流量调节阀 VA01 到实验所需流量。开启缓冲罐，打开放净阀 VA10 将吸收后的水排放（按 200L/h、350L/h、500L/h、650L/h 水量调节）。

（2）全开 VA06 和 VA02，关闭 VA03，启动风机，逐渐关小 VA06，可微调 VA02 使 FI01 风量在 $0.7m^3/h$ 左右。实验过程中维持此风量不变。

（3）关闭 VA15，开启 VA05，开启 CO_2 钢瓶总阀，微开减压阀，根据 CO_2 流量计读数可微调 VA05 使 CO_2 流量在 $1\sim2L/min$，维持进气浓度在 7.5%～8%。实验过程中维持此流量不变。

特别提示：由于从钢瓶中经减压释放出来的 CO_2 的流量需要一定的稳定时间，因此，为减少水、电的浪费，最好将此步骤提前半个小时进行，即约半个小时待 CO_2 流量达到稳定后，再开水和风机。

（4）当各流量维持一定时间后（填料塔体积约 5L，气量按 $0.7m^3/h$ 计，全部置换时间约 45s，即按 2min 为稳定时间），打开 AI01 电磁阀，在线分析进口 CO_2 浓度，等待 2min，检测数据稳定后采集数据，再打开 AI02 电磁阀，等待 2min，检测数据稳定后采集数据。

（5）调节水量（按 200L/h、350L/h、500L/h、650L/h 调节水量），每个水量稳定后，按上述步骤依次取样。

（6）实验完毕后，应先关闭 CO_2 钢瓶总阀，待 CO_2 流量计无流量后，关闭减压阀，停风机，关水泵。

3. 吸收-解吸联合实验（软件操作可扫描本实验后二维码获取）

（1）水箱中加入自来水至水箱液位的 75% 左右，开启吸收泵和调节阀 VA01，待缓冲罐有一定液位时，开启解吸泵，调节吸收液流量调节阀 VA01 和解吸液流量调节阀 VA04 到实验所需流量（建议按 200L/h、350L/h、500L/h、650L/h 水量调节）。打开 VA12，解吸塔底部出液由塔底的倒 U 管直接排入地沟（若实验室上下水条件有限，也可经阀门 VA09 将解吸塔底部出液溢流至水箱中作为吸收液循环使用，特别说明的是解吸液循环使用实验效果不如新鲜的水源）。

（2）微调 VA02、VA03，使吸收塔和解吸塔风量维持在 $0.7m^3/h$ 左右，并注意保持吸收塔风量维持不变。

（3）打开 VA05，开启 CO_2 钢瓶总阀，微开减压阀，根据 CO_2 流量计读数可微调 VA05 使 CO_2 流量在 $1\sim2L/min$，维持进气浓度在 7.5%～8%。实验过程中维持此流量不变。

（4）当各流量维持一定时间后（填料塔体积约 5L，气量按 $0.7m^3/h$ 计，全部置换时间约 45s，即按 2min 为稳定时间），依次打开采样点阀门（AI01、AI02、AI03、AI04 电磁阀），在线分析 CO_2 浓度，注意每次要等待检测数据稳定后再采集数据。

（5）实验完毕后，应先关闭 CO_2 钢瓶总阀，等 CO_2 流量计无流量后，关闭减压阀，停风机，关水泵。

4. 单独解吸实验（软件操作请扫描本实验后二维码获取）

（1）在单独解吸实验时，因液体中 CO_2 浓度未知，因此需要制备饱和液体，只要测得液体温度，即可根据亨利定律求得其饱和浓度。所以，需要先在水箱中制备饱和液。

（2）水箱中加入自来水至水箱液位的 75% 左右，开启吸收泵，关闭 VA01，全开 VA14，开启 CO_2 钢瓶总阀，微开减压阀，开启 VA15，调节转子流量计 FI06，使 CO_2 流量在 1～2L/min，实验过程中维持此流量不变，约 10min 后，水箱内的溶液饱和。

（3）保持 VA14、VA15 继续开启，然后开启 VA01，饱和溶液经吸收塔进入缓冲罐，待缓冲罐中有一定液位时，开启解吸泵，开启 VA09（解吸液可溢流至水箱循环使用），调节 VA04，使解吸水量维持在一定值（为了与不饱和解吸比较，建议水量为 200L/h）。

（4）全开 VA06 和 VA03，关闭 VA02，启动风机，逐渐关小 VA06，可微调 VA03 使 FI03 风量在 $0.7m^3$/h 左右。实验过程中维持此风量不变。

（5）当各流量维持一定时间后（填料塔体积约 5L，气量按 $0.7m^3$/h 计，全部置换时间约 45s，即按 2min 为稳定时间），打开 AI03 电磁阀，在线分析进口 CO_2 浓度，等待 2min，检测数据稳定后采集数据，再打开 AI04 电磁阀，等待 2min，检测数据稳定后采集数据。

（6）实验完毕后，应先关闭 CO_2 钢瓶总阀，等 CO_2 流量计无流量后，关闭钢瓶减压阀和总阀。停风机、饱和泵和解吸泵，使各阀门复原。

五、操作注意事项

1. 在启动风机前，确保风机旁路阀处于打开状态，防止风机因憋压而剧烈升温。
2. 泵是机械密封，严禁泵内无水空转。
3. 泵是离心泵，开启和关闭泵前，先关闭泵的出口阀。
4. 长期（超过一个月）不用时，或者室内温度达到零点时应将设备内的水放净。
5. 严禁学生打开电柜，以免发生触电。

六、实验结果与数据处理

1. 实验原始数据记录

原始数据记录、计算结果详列于表 3～表 6。

表 3 流体力学数据测定记录表

水流量＝0L/h		水流量＝200L/h		水流量＝300L/h		水流量＝400L/h	
流量计风量 /(m³/h)	全塔压差 /Pa	流量计风量 /(m³/h)	全塔压差 /Pa	流量计风量 /(m³/h)	全塔压差 /Pa	流量计风量 /(m³/h)	全塔压差 /Pa
2		2		2		2	
3		3		3		3	
4		4		4		4	
5		5		5		5	
6		6		6		6	
7		7		7		7	

注：每套装置的液泛流量存在差异，以上表格仅作为样例，具体数据请以实际数据为准。

表 4　吸收实验数据记录表

水温＝_____，空气流量＝_____，CO_2 流量＝_____

序号	水 $V_水$ /(L/h)	气相组成		空气 G /(kmol/h)	ΔX_m	L /(kmol/h)	$K_X\alpha$ /[kmol/($m^3 \cdot h$)]	备注
		y_1	y_2					
1	200							
2	350							
3	500							
4	650							

表 5　吸收-解吸联合实验数据记录表

水温＝_____，空气流量＝_____，CO_2 流量＝_____

（1）吸收部分

序号	水 $V_水$ /(L/h)	气相组成		空气 G /(kmol/h)	ΔX_m	L /(kmol/h)	$K_X\alpha$ /[kmol/($m^3 \cdot h$)]	备注
		y_1	y_2					
1	200							吸收

（2）解吸部分

序号	水 $V_水$ /(L/h)	气相组成		空气 G /(kmol/h)	ΔY_m	L /(kmol/h)	$K_Y\alpha$ /[kmol/($m^3 \cdot h$)]	备注
		y_1	y_2					
1	200							解吸

表 6　解吸实验数据记录表

水温＝_____，空气流量＝_____，CO_2 流量＝_____

序号	水 V_s /(L/h)	气相组成		空气 G /(kmol/h)	ΔY_m	L /(kmol/h)	$K_Y\alpha$ /[kmol/($m^3 \cdot h$)]	备注
		y_1	y_2					
1	200							

2. 实验数据处理与结果

（1）绘制出干填料层和在不同喷淋量下填料层 $\Delta p \sim u$ 的关系曲线。

（2）将实验数据整理在数据表中，并写出其中一组数据的计算过程。

（3）绘制出吸收塔、解吸塔操作线。

七、思考题

1. CO_2 在水中的溶解度有什么特点？比较氨在水中的溶解性能有何异同？

2. 通过实验及实验数据处理，分析讨论吸收剂流量大小对吸收有哪些影响？

3. 增加或减少气体流量对吸收有何影响？

4. 如何设计一个实验测定吸收总体积传质系数 $K_X\alpha$？

八、实验数据处理示例

1. 填料塔流体力学性能测定实验

填料塔流体力学性能测定实验结果数据详见表7。

表7　填料塔流体力学性能测定实验结果数据

水温＝12℃，水流量0L/h、200L/h、300L/h、400L/h

序号	水流量＝0L/h			水流量＝200L/h		
	空气流量 /(m³/h)	空气流速 /(m/h)	压差 /Pa	空气流量 /(m³/h)	空气流速 /(m/h)	压差 /Pa
1	2	254.8	5	2	254.8	30
2	3	382.2	11	3	382.2	67
3	4	509.5	21	4	509.5	120
4	5	636.9	33	5	636.9	180
5	6	764.3	47	6	764.3	310
6	7	891.7	62	7	891.7	465
7	8	1019.1	84	8	1019.1	800
8	9	1146.5	103	8.5	1082.8	液泛

序号	水流量＝300L/h			水流量＝400L/h		
	空气流量 /(m³/h)	空气流速 /(m/h)	压差 /Pa	空气流量 /(m³/h)	空气流速 /(m/h)	压差 /Pa
1	2	254.8	70	2	254.8	98
2	3	382.2	200	3	382.2	285
3	4	509.5	378	4	509.5	490
4	5	636.9	720	5	636.9	892
5	6	764.3	980	5.3	675.2	1079
6	6.5	828	465	5.5	700.6	液泛
7	7	891.7	液泛			

以水流量200L/h为例进行计算。

空气流速计算：

$$u = \frac{G}{\Omega}$$

$$= \frac{2}{\pi \times \left(\frac{1}{2} \times 0.1\right)^2}$$

$$\approx 254.8 \, (\text{kmol/h})$$

不同水流量下 $\Delta p \sim u$ 的关系曲线见图5。

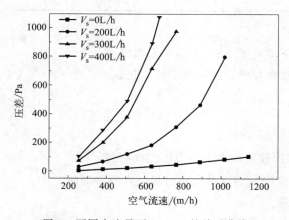

图5　不同水流量下 $\Delta p \sim u$ 的关系曲线

2. 吸收实验

吸收实验数据详见表8。

表 8 吸收实验数据

CO_2 流量 = ___0.15L/min___，填料层高度 = ___550mm___，塔内径 = ___100mm___

水温 /℃	空气 $V_{空气}$ /(m³/h)	水 $V_水$ /(L/h)	气相组成		空气 G /(kmol/h)	水 L /(kmol/h)	$K_X\alpha$ /[kmol/(m³·h)]
			y_1	y_2			
20.10	0.71	203	9.61	8.37	0.0295	11.24	2129

以第 1 组数据为例计算。

(1) 吸收总体积传质系数 $K_X\alpha$ 的计算

将水流量单位进行换算：

$$L = \frac{V_水 \rho_水}{M_水}$$

$$= \frac{203 \times 998.15}{18 \times 1000}$$

$$\approx 11.24 \ (kmol/h)$$

将气体流量单位进行换算：

$$G = \frac{V_{空气} \rho_{空气}}{M_{空气}}$$

$$= \frac{0.71 \times 1.205}{29}$$

$$\approx 0.0295 \ (kmol/h)$$

二氧化碳体积分数转换：

$$Y_1 = \frac{y_1}{1-y_1}$$

$$= \frac{9.61}{100-9.61}$$

$$\approx 0.106$$

$$Y_2 = \frac{y_2}{1-y_2}$$

$$= \frac{8.37}{100-8.37}$$

$$\approx 0.091$$

又由全塔物料衡算：

$$L(X_1 - X_2) = G(Y_1 - Y_2)$$

认为吸收剂自来水中不含 CO_2，则 $X_2 = 0$，

$$X_1 = \frac{G(Y_1 - Y_2)}{L}$$

$$= \frac{0.0295 \times (0.106 - 0.091)}{11.24}$$

$$\approx 3.93 \times 10^{-5}$$

根据测出的水温可插值求出亨利常数 E(atm，$1atm = 101.325Pa$)，本实验为 $p = 1$

(atm) 则 $m=\dfrac{E}{p}$（m 的值参照表 1）。液相温度为 20.1℃时，$m=1426.62$。

$$X_1^* = \frac{Y_1}{m} = 0.106 \div 1426.62 \approx 7.43 \times 10^{-5}$$

$$\Delta X_1 = X_1^* - X_1 = 7.43 \times 10^{-5} - 3.93 \times 10^{-5} \approx 3.49 \times 10^{-5}$$

$$X_2^* = \frac{Y_2}{m} = 0.091 \div 1426.62 \approx 6.38 \times 10^{-5}$$

$$\Delta X_2 = X_2^* - X_2 = 6.38 \times 10^{-5} - 0 = 6.38 \times 10^{-5}$$

$$\Delta X_m = \frac{\Delta X_1 - \Delta X_2}{\ln(\Delta X_1 / \Delta X_2)} \approx 4.79 \times 10^{-5}$$

液相传质单元数：

$$N_{OL} = \frac{X_1 - X_2}{\Delta X_m} \approx 0.822$$

液相总传质单元高度：

$$H_{OL} = \frac{Z}{N_{OL}} = \frac{0.55}{0.822} \approx 0.67 \text{（m）}$$

塔的横截面积：

$$\Omega = \frac{\pi}{4} \times D^2 = 0.0078 \text{（m}^2\text{）}$$

液相总体积传质系数：

$$K_X\alpha = \frac{L}{H_{OL} \times \Omega} = \frac{11.24}{0.67 \times 0.0078} \approx 2151 \, [\text{kmol/(m}^3 \cdot \text{h)}]$$

（2）回收率 η 的计算

$$\eta = \frac{Y_1 - Y_2}{Y_1} \times 100\% = \frac{0.106 - 0.091}{0.106} \times 100\% \approx 14.2\%$$

3. 解吸实验

解吸实验数据详见表 9。

表 9　解吸实验数据

CO_2 流量＝　0.15L/min　，填料层高度＝　550mm　，塔内径＝　100mm

水温 /℃	$V_{空气}$ /(m³/h)	$V_{水}$ /(L/h)	气相组成		空气 G /(kmol/h)	水 L /(kmol/h)	$K_Y\alpha$ /[kmol/(m³·h)]
			y_1	y_2			
26.9	0.73	201	8.46	0.03	0.0303	11.12	1550

（1）解吸总体积传质系数 $K_Y\alpha$ 的计算

将水流量单位进行换算：

$$L = \frac{V_{水} \rho_{水}}{M_{水}}$$

$$= \frac{201 \times 996.62}{18 \times 1000}$$

$$\approx 11.12 \text{（kmol/h）}$$

将气体流量单位进行换算：

$$G = \frac{V_{空气} \rho_{空气}}{M_{空气}}$$

$$= \frac{0.73 \times 1.205}{29}$$

$$\approx 0.0303 \ (kmol/h)$$

解吸塔出口气体组成：

$$Y_1 = \frac{y_1}{1 - y_1}$$

$$= \frac{0.0846}{1 - 0.0846}$$

$$\approx 0.0924$$

解吸塔入口气体组成：

$$Y_2 = \frac{y_2}{1 - y_2}$$

$$= \frac{0.0003}{1 - 0.0003}$$

$$\approx 0.0003$$

单吸收塔操作的情况下，可近似形成该温度下的饱和浓度，即 $y = 1$，则解吸塔进口液体组成 X_1 可由亨利定律求算出（m 的值参照表 1，液相温度为 26.9℃时，$m = 1722.76$）：

$$X_1 = \frac{y}{m}$$

$$= \frac{1}{m}$$

$$= \frac{1}{1722.76}$$

$$\approx 5.805 \times 10^{-4}$$

又由全塔物料衡算：

$$L(X_1 - X_2) = G(Y_1 - Y_2)$$

则解吸塔出口液体组成：

$$X_2 = X_1 - \frac{G(Y_1 - Y_2)}{L}$$

$$= 5.805 \times 10^{-4} - \frac{0.0303 \times (0.0924 - 0.0003)}{11.12}$$

$$\approx 3.291 \times 10^{-4}$$

根据测出的水温可插值求出亨利常数 E（atm）。本实验为 $p = 1$（atm），则由 $m = \frac{E}{p}$（m 的值参照表 1），液相温度为 26.9℃时，$m = 1722.76$。

$$Y_1^* = mX_1 = 1722.76 \times 5.805 \times 10^{-4} \approx 1.00$$

$$\Delta Y_1 = Y_1^* - Y_1 = 1.00 - 0.0924 = 0.9076$$

$$Y_2^* = mX_2 = 1722.76 \times 3.291 \times 10^{-4} \approx 0.567$$

$$\Delta Y_2 = Y_2^* - Y_2 = 0.567 - 0.0003 = 0.5667$$

平均浓度差：

$$\Delta Y_m = \frac{\Delta Y_1 - \Delta Y_2}{\ln(\Delta Y_1 / \Delta Y_2)} \approx 0.7238$$

$$N_{OG} = \frac{Y_1 - Y_2}{\Delta Y_m} \approx 0.127$$

气相总传质单元高度：

$$H_{OG} = \frac{Z}{N_{OG}} = \frac{0.55}{0.127} \approx 4.32 \,(m)$$

塔的横截面积：

$$\Omega = \frac{\pi}{4} \times D^2 = 0.00785 \,(m^2)$$

解吸气相总体积传质系数：

$$K_Y \alpha = \frac{G}{H_{OG} \Omega} = \frac{0.0303}{4.32 \times 0.0078} \approx 0.899 \,[kmol/(m^3 \cdot h)]$$

（2）回收率 η 的计算

$$\eta = \frac{X_1 - X_2}{X_1} \times 100\% = \frac{5.805 \times 10^{-4} - 3.291 \times 10^{-4}}{5.805 \times 10^{-4}} \times 100\% \approx 43.3\%$$

吸收-解吸联合操作的情况下，进塔液体浓度 X_1（解吸塔）即为前吸收计算出来的实际浓度 X_1（吸收塔），计算方法参照吸收实验的计算步骤。

溶液标定方法

软件操作说明

实验 4　精馏综合实验（乙醇-正丙醇溶液）

精馏是化工生产中一种重要的传质单元操作，更是石油与化学工业中最重要的高效分离技术之一，其利用液体混合物中各组分间挥发度的差异，以热能为媒介，实现混合物的分离，该技术在石油、化工、轻工、食品、医药、农药、冶金等行业有着广泛用途。如将石油通过常压、减压精馏分离制取汽油、柴油和重油等，空气加压精馏分离制取医用氧气，食用酒精除甲醇和杂醇油的精馏分离，电子级化学品的高纯精制，等。精馏过程是利用气相多次部分冷凝和液相多次部分汽化的原理进行的，是一个复杂的传质与传热过程，控制变量多。精馏操作的设备是精馏塔，属于高能耗操作单元之一，在工业生产中，充分掌握不同回流比对塔板效率的影响，对提高产品质量、稳定生产、降低能耗具有极其重要的意义。本实验对乙醇-正丙醇混合溶液进行精馏分离。

一、实验目的

1. 了解筛板精馏塔及其附属设备的基本结构，掌握精馏过程的基本操作方法。
2. 学习筛板式精馏塔全塔效率和个别塔板效率的实验和测定方法。
3. 理解回流比、蒸汽速度等对精馏塔性能及分离效率的影响。

二、实验原理

精馏操作是分离工程中最基本最重要的单元之一。在板式精馏塔中，塔板是板式精馏塔的主要构件，是气液两相接触传热、传质的媒介。通过塔底部的再沸器加热塔釜中的混合液体，使其沸腾并蒸发，上升的蒸气穿过塔板上的孔道与塔板上的液体接触进行传质。塔顶的蒸气经冷凝器冷凝后，一部分作为塔顶产品流出，其余部分作为回流液重新返回塔内。整个过程中，气相逐板上升，液相逐板下降，气、液两相在塔内整体呈逆流，板上呈错流，这是板式塔内气、液两相的流动特征。混合液在塔板上经过层层相际传质，被多次部分汽化，部分冷凝，最终在塔顶得到较纯的轻组分，塔釜得到较纯的重组分，从而实现分离。本实验物料是乙醇＋正丙醇系统。

回流是精馏塔中液体混合物完全分离的关键因素。其中从塔顶回流入塔体的液体量与塔顶产品量之比称为回流比，该数值是精馏操作的一个重要控制参数。精馏操作的分离效果与能耗取决于回流比数值的大小。实际操作中回流比又可分为全回流比、最小回流比和适宜回流比。

全回流指的是塔顶冷凝量全部从塔顶流回到塔内，该过程既不加料也不出产品，是一种极限情况，在实际生产中没有意义。然而，这种操作极易达到稳定，因此经常用于装置开工和科学研究。在全回流中，由于回流比是无限大的，在分离要求相同的情况下，全回流状态下所需的理论板数要小于其他回流比，因此称全回流时所需的理论板数为最小理论板数。对于某些分离要求，降低回流比会增加所需的理论板数。当回流比降低到一定程度时，需要无限的理论板才能满足分离要求。此时，该回流比称为最小回流比。最小回流比是精馏操作的另一极限情况，因为在实际精馏塔中安装无限块板是无法实现的，此种情况下，亦不能选择该最小回流比来操作。实际选择的回流比为最小回流比的倍数，根据经验该倍数常取 1.2～2。在体系的分离要求、进料组成和状态一定的条件下，可以根据平衡线的形状由作图法求出最小回流比。在正常操作过程中，如果出现回流中断异常，则会导致塔顶易挥发物组成下降，塔釜易挥发物组成随之上升，分离情况恶化。

影响分离效果及塔板操作效果的另外一个重要指标是板效率。而影响板效率的因素有很多。在板型、体系确定的情况下，板效率主要受塔板上的气、液流量的影响。如果塔的上升蒸气量不足，则在塔板上无法建立液层；如果上升蒸气量过大，则又会产生严重夹带，甚至液泛，导致分离效果大大降低。通常用全塔效率及单板效率来表示板效率。

1. 全塔效率

全塔效率又称总板效率，是指达到指定分离效果所需理论板数与实际板数的比值。全塔效率反映了整个塔内塔板的平均效率，体现了塔板结构、物性系数、操作状况对塔分离能力的影响。其中对于塔内所需理论板数的计算，利用图解的方法最简便，对于二元物系，若已知其气液平衡数据，则根据流出液的组成 x_D、料液组成 x_F、残液组成 x_W 及回

流比 R，求出理论板数 N_T。

本实验采用全回流状态下，通过测定塔顶、塔釜组成，确定理论板数 N_T，进而计算出全塔效率：

$$\eta = \frac{N_T}{N_P} \times 100\%\qquad(1)$$

式中　η——全塔效率；

N_T——完成一定分离任务所需理论板数（块）；

N_P——完成一定分离任务所需实际板数（块）。

2. 单板效率 E_M

单板效率又称莫弗里板效率，如图 1 所示，是指气相或液相经过一层实际塔板前后的组成变化值与经过一层理论塔板前后的组成变化值之比。

按气相组成变化表示的单板效率为：

$$E_{MV} = \frac{y_n - y_{n+1}}{y_n^* - y_{n+1}}\qquad(2)$$

按液相组成变化表示的单板效率为：

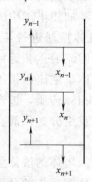

图 1　塔板气液流向示意

$$E_{ML} = \frac{x_{n-1} - x_n}{x_{n-1} - x_n^*}\qquad(3)$$

式中　y_n、y_{n+1}——离开第 n、$n+1$ 块塔板的气相组成（摩尔分数）；

x_{n-1}、x_n——离开第 $n-1$、n 块塔板的液相组成（摩尔分数）；

y_n^*——与 x_n 成平衡的气相组成（摩尔分数）；

x_n^*——与 y_n 成平衡的液相组成（摩尔分数）。

3. 图解法求理论板数 N_T

图解法又称 M-T（McCabe-Thiele）图法，其原理与逐板计算法完全相同，只是将逐板计算过程在 $y \sim x$ 图上直观地表示出来。

精馏段的操作线方程为：

$$y_{n+1} = \frac{R}{R+1} x_n + \frac{x_D}{R+1}\qquad(4)$$

式中　y_{n+1}——精馏段第 $n+1$ 块塔板上升的蒸气组成（摩尔分数）；

x_n——精馏段第 n 块塔板下流的液体组成（摩尔分数）；

x_D——塔顶馏出液的液体组成（摩尔分数）；

R——泡点回流下的回流比。

提馏段的操作线方程为：

$$y_{m+1} = \frac{L'}{L'-W} x_m - \frac{W x_W}{L'-W}\qquad(5)$$

式中　y_{m+1}——提馏段第 $m+1$ 块塔板上升的蒸气组成（摩尔分数）；

x_m——提馏段第 m 块塔板下流的液体组成（摩尔分数）；

x_W——塔底釜液的液体组成（摩尔分数）；

L'——提馏段内下流的液体量，kmol/s；

W——釜液流量，kmol/s。

加料线（q 线）方程可表示为：

$$y = \frac{q}{q-1}x - \frac{x_F}{q-1} \tag{6}$$

其中，

$$q = \frac{c_{p,m}(t_{B,F} - t_F) + r_F}{r_F} \tag{7}$$

式中 q——进料热状况参数；

　　　r_F——进料液组成下的汽化潜热，kJ/kmol；

　　$t_{B,F}$——进料液的泡点温度，℃；

　　　t_F——进料液温度，℃；

　　$c_{p,m}$——进料液在平均温度（$t_{B,F} + t_F$）/2 下的恒压比热容，kJ/(kmol·℃)；

　　　x_F——进料液组成（摩尔分数）。

回流比 R 的确定：

$$R = \frac{L}{D} \tag{8}$$

式中 L——回流液量，kmol/s；

　　　D——馏出液量，kmol/s。

（1）全回流操作时理论板数的图解求算方法

在精馏全回流操作时，操作线在 $y \sim x$ 图上为对角线，如图 2 所示，根据塔顶、塔釜的组成在操作线和平衡线间作梯级，即可得到理论板数。

（2）部分回流操作时理论板数的图解求算主要步骤

① 根据物系和操作压力在 $y \sim x$ 图上作出相平衡曲线，见图 3，并画出对角线作为辅助线；

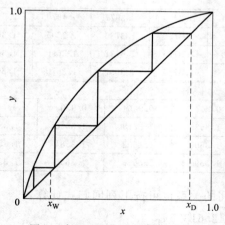

图 2　全回流时理论板数的确定

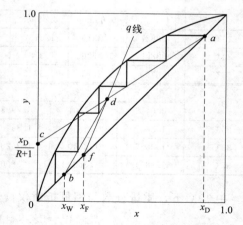

图 3　部分回流时理论板数的确定

② 在 x 轴上定出 $x = x_D$、x_F、x_W 三点，依次通过这三点作垂线分别交对角线于点 a、f、b；

③ 在 y 轴上定出 $y_c = x_D/(R+1)$ 的点 c，连接 a、c 作出精馏段操作线；

④ 由进料热状况求出 q 线的斜率 $q/(q-1)$，过点 f 作出 q 线交精馏段操作线于点 d；

⑤ 连接点 d、b 作出提馏段操作线；

⑥ 从点 a 开始在平衡线和精馏段操作线之间画阶梯，当梯级跨过点 d 时，改为在平衡线和提馏段操作线之间画阶梯，直至梯级跨过点 b 为止；

⑦ 所画的总阶梯数就是全塔所需的理论板数（包含再沸器），跨过点 d 的那块板就是加料板，其上的阶梯数为精馏段的理论板数。

部分回流时，进料热状况参数的计算式为：

$$q = \frac{c_{p,m}(t_{B,F} - t_F) + r_m}{r_m} \tag{9}$$

式中　t_F——进料液温度，℃；

　　　$t_{B,F}$——进料液的泡点温度，℃；

　　　$c_{p,m}$——进料液在平均温度 $(t_{B,F} + t_F)/2$ 下的恒压比热容，kJ/(kmol·℃)；

　　　r_m——进料液泡点温度下的汽化潜热，kJ/kmol。

$$c_{p,m} = c_{p,1}M_1 x_1 + c_{p,2}M_2 x_2 \tag{10}$$

$$r_m = r_1 M_1 x_1 + r_2 M_2 x_2 \tag{11}$$

　$c_{p,1}$、$c_{p,2}$——纯组分 1 和组分 2 在平均温度下的比热容，kJ/(kmol·℃)；

　　r_1、r_2——纯组分 1 和组分 2 在泡点温度下的汽化潜热，kJ/kg；

　　M_1、M_2——纯组分 1 和组分 2 的摩尔质量，kg/kmol；

　　x_1、x_2——纯组分 1 和组分 2 在进料中的组成（摩尔分数）。

本实验采用阿贝折射仪（使用方法扫描本实验后二维码获取）来测定浓度：

折射率与溶液浓度的关系见表 1。

表 1　不同温度 (t)、液相组成 (x_B) 下的折射率 (n_D)

t	x_B							
	0	0.05052	0.09985	0.1974	0.2950	0.3977	0.4970	0.5990
25℃	1.3827	1.3815	1.3797	1.3770	1.3750	1.3730	1.3705	1.3680
30℃	1.3809	1.3796	1.3784	1.3759	1.3755	1.3712	1.3690	1.3668
35℃	1.3790	1.3775	1.3762	1.3740	1.3719	1.3692	1.3670	1.3650

t	x_B						
	0.6445	0.7101	0.7983	0.8442	0.9064	0.9509	1.000
25℃	1.3607	1.3658	1.3640	1.3628	1.3618	1.3606	1.3589
30℃	1.3657	1.3640	1.3620	1.3607	1.3593	1.3584	1.3574
35℃	1.3634	1.3620	1.3600	1.3590	1.3573	1.3653	1.3551

在 30℃ 下，质量分数与阿贝折射仪读数之间的关系也可按下列回归式计算：

$$W = 58.844116 - 42.61325 n_D \tag{12}$$

式中　W——乙醇的质量分数；

　　　n_D——折射仪读数（折射率）。

由质量分数可求摩尔分数 (x_A)，如式（13）所示，其中乙醇分子量 $M_A = 46$，正丙醇分子量 $M_B = 60$。

$$x_A = \cfrac{\cfrac{W_A}{M_A}}{\cfrac{W_A}{M_A} + \left[\cfrac{1-W_A}{M_B}\right]}$$ (13)

三、实验装置

本实验装置的主体设备是筛板精馏塔，如图 4。配套的有加料系统，回流系统，产品出料管路，残液出料管路，进料泵和一些测量、控制仪表。该装置的特点是全部采用不锈钢材料制成并安装玻璃观测管，以确保在实验过程中使学生可以清晰见到每块塔板上气-液传质过程的全貌。

本实验料液为乙醇-正丙醇溶液，釜内液体由电加热器产生蒸气，逐板上升，经与各板上的液体传质后，进入盘管式换热器壳程，冷凝成液体后再从集液器流出，一部分作为回流液从塔顶流入塔内，另一部分作为产品馏出，进入产品贮罐；残液经釜液转子流量计流入釜液贮罐。

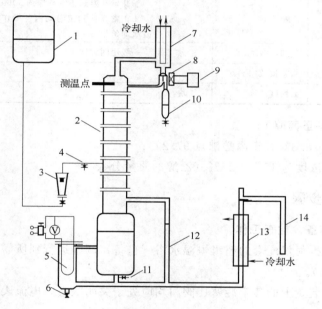

图 4　精馏实验装置流程示意图

1—高位槽；2—精馏塔塔体；3—进料取样阀；4—转子流量计；5—电加热器；6—放液阀；
7—塔顶冷凝器；8—线圈；9—回流比控制器；10—塔顶产品接料瓶；11—塔釜取样阀；
12—液面计；13—塔釜产品冷却器；14—塔釜产品出料管

1. 设备的主要技术数据

精馏塔结构基本尺寸及精馏工艺操作参数分别见表 2 和表 3。

（1）精馏塔结构基本尺寸

表 2　精馏塔结构基本尺寸

名称	直径/mm	高度/mm	板间距/mm	板数/块	板型、孔径/mm	降液管/mm	材质
塔体	Φ57×3.5	800	100	7	筛板 1.8	Φ8×1.5	紫铜

名称	直径 /mm	高度 /mm	板间距 /mm	板数 /块	板型、孔径 /mm	降液管/mm	材质
塔釜	Φ100×2	300					不锈钢
塔顶冷凝器	Φ57×3.5	300					不锈钢
塔釜冷凝器	Φ57×3.5	300					不锈钢

（2）精馏工艺操作参数

表 3　精馏工艺操作参数

序号	名称	数据范围		说明
1	塔釜加热	电压(V)90～120		①维持正常操作下的参数值； ②用固体调压器调压，指示的功率为实际功率的1/2～1/3
		电流(A)4.0～6.0		
2	回流比 R	4～∞		
3	塔顶温度/℃	78～83		
4	操作稳定时间/min	20～35		①开始升温到正常操作约 30min； ②正常操作稳定时间内各操作参数值维持不变，板上鼓泡均匀
5	实验结果	理论板数(块)	3～6	一般用图解法
		总板效率/%	50～85	
		精度	1块	

2. 物系（乙醇-正丙醇）

（1）乙醇沸点 78.3℃，正丙醇沸点 97.2℃；

（2）料液配比浓度为 15%～25%（乙醇的质量分数）。

四、实验方法与步骤

1. 实验前的准备、检查工作

（1）将与阿贝折射仪配套的超级恒温水浴（自备）调整运行到所需的温度，并记下这个温度（例如 30℃）。

（2）检查实验装置上的各个旋塞、阀门均应处于关闭状态，电流表、电压表及电位器位置均应为零。

（3）配制一定浓度（乙醇质量分数 20% 左右）的乙醇-正丙醇混合液（总容量 6000mL 左右），然后倒入高位槽。

（4）打开进料转子流量计的阀门，向精馏釜内加料至指定的高度（冷液面在塔釜总高 2/3 处），而后关闭流量计阀门。

（5）检查取样用的注射器和擦镜纸是否准备好。

2. 实验开始

（1）全回流操作

① 打开塔顶冷凝器的冷却水，冷却水量要足够大（约 8L/min）。

② 记下室温后接上电源闸，按下装置总电源开关。

③ 调节电位器使加热电压为 75V 左右，待塔板上建立液层时，可适当加大电压（如

100V)，使塔内维持正常操作。

④ 等各块塔板上鼓泡均匀后，保持电加热器电压不变，在全回流情况下稳定 20min 左右，期间仔细观察全塔传质情况，待操作稳定后分别在塔顶、塔釜取样口用注射器同时取样，用阿贝折射仪分析样品浓度。

（2）部分回流操作

① 打开塔釜冷却水，冷却水流量以保证釜馏液温度接近常温为准。

② 调节进料转子流量计阀，以 1.5～2.0L/h 的流量向塔内加料；用回流比控制器调节回流比 $R=4$；馏出液收集在塔顶产品接料瓶中。

③ 塔釜产品经冷却后由溢流管流出，收集在容器内。

④ 等操作稳定后，观察板上传质状况，记下加热电压、电流、塔顶温度等有关数据，整个操作中维持进料流量计读数不变，用注射器取塔顶、塔釜和进料三处样品，用阿贝折射仪分析，并记录进原料液的温度（室温）。

3. 实验结束

（1）检查数据合理后，停止加料并将加热电压调为零，关闭回流比调节器开关。

（2）根据物系的 $t\sim x\sim y$ 关系，确定部分回流下进料的泡点温度。

（3）停止加热 10min 后，关闭冷却水，一切复原。

五、实验要求

1. 根据所学传热的基本原理及装置条件确定实验项目，并拟定实验流程。

2. 实验前预习实验内容，包括熟悉实验目的、实验原理和实验装置，了解各仪表的使用方法和数据采集器。

3. 实验前完成实验预习报告，经指导老师审核同意后方可开始实验。

4. 按照实验操作规程要求和实验步骤进行实验，获取实验数据完整、准确。所有实验数据经指导老师审核同意后方可停止实验。

5. 注意实验安全、实验室卫生和课堂纪律，不得在实验期间大声喧哗、打闹，所有物品按要求摆放整齐。

6. 整理、分析、处理实验数据，撰写实验报告，实验报告每人一份。

六、操作注意事项

1. 本实验过程中要特别注意安全，实验所用物料是易燃物品，操作过程中避免洒落以免发生危险。

2. 本实验设备加热功率由电位器来调节，故在加热时应注意加热勿过快，以免发生暴沸（过冷沸腾），使釜液从塔顶冲出，若遇此现象应立即断电，重新加料到指定冷液面，再缓慢升电压，重新操作。升温和正常操作中釜的电功率不能过大。

3. 启动时先开冷却水，再向塔釜供热；停止时则反之。

4. 测浓度用折射仪。读取折射率，一定要同时记其测量温度，并按给定的折射率-液相组成-测量温度关系（见表1）测定有关数据。

5. 为便于对全回流和部分回流的实验结果（塔顶产品和质量）进行比较，应尽量使两组实验的加热电压及所用料液浓度相同或相近。连续做实验时，在做实验前应将前一次实验时留存在塔釜和塔顶、塔底产品接收器内的料液均倒回原料液瓶中。

七、实验结果与数据处理

1. 实验原始数据记录

（1）精馏塔基本参数记录如下。

装置号：＿＿＿＿＿＿＿＿，功率：＿＿＿＿＿＿＿＿，精馏塔体直径：＿＿＿＿＿＿＿＿，
板间距：＿＿＿＿＿＿＿＿；降液管：＿＿＿＿＿＿＿＿；筛孔直径：＿＿＿＿＿＿＿＿。

（2）原始实验数据记录表见表4。

表4 精馏实验原始数据记录表

实际塔板数：	物系：		折射仪分析温度：		
项目	全回流：$R=\infty$		部分回流： 进料温度：	进料量： 泡点温度：	
	塔顶组成	塔釜组成	塔顶组成	塔釜组成	进料组成
折射率 n_D					
质量分数 W					
摩尔分数 x					
理论板数					
总板效率					

2. 实验数据处理与结果

（1）画出在全回流条件下塔顶温度随时间的变化曲线。

（2）画出精馏塔在全回流和部分回流、稳定操作条件下，塔内温度和浓度沿塔高的分布曲线。

（3）计算出全回流和部分回流条件下的总板效率。

八、思考题

1. 通过实验，分析讨论全回流在实际生产中有什么作用。

2. 通过实验及数据处理，分析讨论回流比大小对精馏有哪些影响。

3. 如何判断精馏塔内的操作是否正常合理？如何判断塔内的操作是否处于稳定状态？

九、实验数据处理示例

1. 精馏实验原始数据及计算结果

原始数据见表5。

（1）全回流（$R=\infty$）

塔顶样品折射率 $n_D=1.3610$，

乙醇的质量分数为：

$$
\begin{aligned}
W &= 58.844116 - 42.61325n_D \\
&= 58.844116 - 42.61325 \times 1.3610 \\
&\approx 0.847
\end{aligned}
\tag{14}
$$

摩尔分数：

$$x_D = \frac{0.847/46}{0.847/46 + (1-0.847)/60} \tag{15}$$
$$\approx 0.879$$

同理，塔釜样品折射率 $n_D = 1.3780$，

乙醇的质量分数为：

$$W = 58.844116 - 42.61325 n_D$$
$$= 58.844116 - 42.61325 \times 1.3780 \tag{16}$$
$$\approx 0.123$$

摩尔分数：$x_W = 0.155$。

在平衡线和操作线之间图解理论板数（见图6）。

全塔效率：

$$\eta = \frac{N_T}{N_P} \times 100\%$$
$$= \frac{5}{7} \times 100\% \tag{17}$$
$$\approx 71.43\%$$

（2）部分回流（$R=4$）

塔顶样品折射率：$n_D = 1.3640$

塔釜样品折射率：$n_D = 1.3785$

进料样品折射率：$n_D = 1.3740$

与上述全回流计算方法相同，分别计算出塔顶、塔釜与进料样品的摩尔分数：$x_D = 0.77$；$x_W = 0.129$；$x_F = 0.351$。

进料温度：$t_F = 29.6℃$

在 $x_F = 0.351$ 下泡点温度为：$t_{B,F} = 88.7℃$

平均温度：

$$t = \frac{29.6 + 88.7}{2} = 59.15(℃) \tag{18}$$

乙醇在平均温度 59.15℃ 下的恒压比热容：$c_{p,1} = 3.07 kJ/(kmol \cdot ℃)$ （19）

正丙醇在 59.15℃ 下的恒压比热容：$c_{p,2} = 2.85 kJ/(kmol \cdot ℃)$

乙醇在 88.7℃ 下的汽化潜热：$r_1 = 819 kJ/kg$

正丙醇在 88.7℃ 下的汽化潜热：$r_2 = 680 kJ/kg$

混合液体恒压比热容：

$$c_{p,m} = 46 \times 0.351 \times 3.07 + 60 \times (1-0.351) \times 2.85$$
$$\approx 160.55 [kJ/(kmol \cdot ℃)] \tag{20}$$

混合液体汽化潜热：

$$r_m = 46 \times 0.351 \times 819 + 60 \times (1-0.351) \times 680$$
$$\approx 39702.77 (kJ/kmol) \tag{21}$$

$$q = \frac{c_{p,\mathrm{m}}(t_{\mathrm{B,F}} - t_{\mathrm{F}}) + r_{\mathrm{m}}}{r_{\mathrm{m}}} \tag{22}$$

$$= \frac{160.54 \times (88.7 - 29.6) + 39702.77}{39702.77}$$

$$\approx 1.24$$

q 线斜率为：

$$\frac{q}{q-1} = 5.17 \tag{23}$$

在平衡线和精馏段操作线、提馏段操作线之间图解理论板数。

全塔效率为：

$$\eta = \frac{N_{\mathrm{T}}}{N_{\mathrm{P}}} \times 100\% \tag{24}$$

$$= \frac{6}{7} \times 100\%$$

$$\approx 85.71\%$$

表 5　精馏实验的实验原始数据及计算结果表

装置号：＿＿＿＿＃1＿＿＿＿；功率：＿＿1.5kW＿＿；精馏塔体直径：＿＿Φ57mm×3.5mm＿＿；板间距：＿＿100mm＿＿；降液管：＿Φ8mm×1.5mm＿；筛孔直径：＿2mm＿

项目	全回流：$R = \infty$		部分回流：回流比 $R=4$；进料量 3L/h；进料温度 29.6℃；泡点温度 88.7℃		
实际塔板数:7 物系:乙醇-正丙醇 折射仪分析温度:30℃	塔顶组成	塔釜组成	塔顶组成	塔釜组成	进料组成
折射率 n_{D}	1.3610	1.3780	1.3640	1.3785	1.3740
质量分数 W	0.847	0.123	0.720	0.102	0.294
摩尔分数 x	0.879	0.155	0.770	0.129	0.351
理论板数	5		6		
总板效率	71.43%		85.71%		

2. 图的绘制

（1）根据常压下乙醇-正丙醇平衡数据绘制气-液平衡线

采用 Origin 软件，将气液平衡数据录入，以液相摩尔分数为横轴，气相摩尔分数为纵轴，作"散点图"，然后进行非线性拟合，具体如下：

① 打开 Origin 作图软件，点击"Analysis"；

② 点击"Fitting"；

③ 点击"Nonlinear Curve Fit"，进行参数设置 Category：Exponential，Function：ExpDec2；

④ 点击"Fit"；调整线条粗细及颜色即可获得气-液平衡线（如图 5 所示实线）。

（2）绘制全回流状态下操作线

在全回流状态下，操作线在 $y \sim x$ 图上为一条对角线，添加图层，将该对角线与气-液平衡线绘制到同一张图中（见图 5）。

（3）全回流状态下理论板数确定

在图中 x 轴找到塔顶（$x_D=0.879$）、塔釜（$x_W=0.155$）的组成点，在塔顶与塔釜组成范围内，在操作线和平衡线间作梯级，即可得到理论板数，如图 6 可知，理论塔板数为 5。

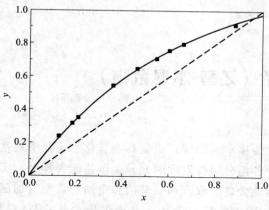

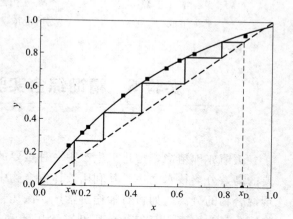

图 5　乙醇-正丙醇混合液的气-液平衡图及　　　　图 6　全回流时理论板数的确定
全回流操作线图

（4）绘制部分回流状态下操作线

① 绘制气-液平衡线（方法同上），并画出对角线作为辅助线；

② 在 x 轴定出 $x=x_D=0.770$、$x=x_W=0.129$、$x=x_F=0.351$ 三个点，依次通过这三点作垂线分别交对角线于点 a、f、b；

③ 在 y 轴上定出 $y_c=\dfrac{x_D}{R+1}=\dfrac{0.770}{4+1}=0.154$ 的点 c（0，0.55），连接 a、c 作出精馏段操作线；

④ 在 q 线的线性方程 $y=ax+b$ 中，由前述计算可知其斜率为 5.17，即 $a=5.17$，且由于 q 线经过点 f，将 f 点（0.351，0.351）代入 q 线的线性方程可得 $b=-1.464$，由此可知 q 线的线性方程为 $y=5.17x-1.464$，将其绘制于图 7，并与精馏段操作线交于点 d；

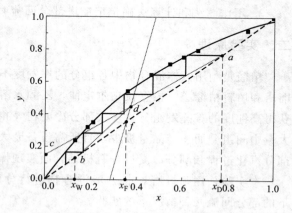

图 7　部分回流（$R=4$）时理论板数的确定

⑤ 连接点 d、b 作出提馏段操作线；

⑥ 从点 a 开始在平衡线和精馏段操作线之间画阶梯，当梯级跨过点 d 时，改为在平衡线和提馏段操作线之间画阶梯，直至梯级跨过点 b 为止；

⑦ 如图 7 所示，所画的总阶梯数就是全塔所需的理论板数 6（包含再沸器），跨过点 d 的那块板就是加料板，即第 3 块板，其上的阶梯数为精馏段的理论板数，精馏段的塔板数为 2，提馏段的塔板数为 4。

常压下乙醇-正丁醇　　　乙醇-正丙醇折射率与　　　阿贝折射仪的
　　平衡组成　　　　　　　溶液浓度的关系　　　　　使用方法

实验 5　精馏综合实验（乙醇-水混合物）

蒸馏亦称精馏，是化工生产中一种重要的传质单元操作，更是石油与化学工业中最重要的高效分离技术之一，其利用液体混合物中各组分间挥发度的差异，以热能为媒介，实现混合物的分离，如将石油通过常压、减压精馏分离制取汽油、柴油和重油等，空气加压精馏分离制取医用氧气，食用酒精除甲醇和杂醇油的精馏分离，电子级化学品的高纯精制，等。该技术在石油、化工、轻工、食品、医药、农药、冶金等行业有着广泛用途。精馏过程是利用气相多次部分冷凝和液相多次部分汽化的原理进行的，是一个复杂的传质与传热过程，控制变量多。精馏操作的设备是精馏塔，属于高能耗操作单元之一。在工业生产中，充分掌握不同回流比对塔板效率的影响，对提高产品质量，稳定生产，降低能耗具有极其重要的意义。本实验采用筛板塔对水-乙醇混合物进行分离、提浓。

一、实验目的

1. 熟悉板式精馏塔的结构、流程及各部件的结构作用。
2. 了解精馏塔的正确操作，学会正确处理各种异常情况。
3. 用作图法和计算法确定精馏塔部分回流时理论板数，并计算出全塔效率。

二、实验原理

精馏是利用液体混合物中各组分的挥发度不同而达到分离目的，常用的设备有板式精馏塔和填料精馏塔。根据拉乌尔定律，乙醇水溶液理论上经过多次部分汽化，在液相中可获得高纯度的难挥发组分，多次部分冷凝在气相中可获得高纯度的易挥发组分。但因产生大量中间组分而使产品量极少，且所需设备庞大。工业生产中的精馏过程是在精馏塔中将部分汽化过程和部分冷凝过程有机结合而实现操作的。

本实验采用筛板塔对水-乙醇混合物进行分离、提浓，重点开展全回流和某一回流比下的部分回流两种情况下的实验。

1. 乙醇-水系统特征

乙醇-水的气液相平衡数据见表1。

乙醇-水系统属于非理想溶液，具有较大正偏差，其最低恒沸点 78.15℃，恒沸组成为 0.894。图 1、图 2 分别为乙醇与水混合物在压力为 101.325kPa 时的 $t\sim y\sim x$ 图和 $y\sim x$ 图。

表 1　乙醇-水溶液（101.325kPa）的气液相平衡数据

乙醇的摩尔分数/%		温度/℃	乙醇的摩尔分数/%		温度/℃
液相	气相		液相	气相	
0.00	0.00	100	32.73	58.26	81.5
1.90	17.00	95.5	39.65	61.22	80.7
7.21	38.91	89	50.79	65.64	79.8
9.66	43.75	86.7	51.98	65.99	79.7
12.38	47.04	85.3	57.32	68.41	79.3
16.61	50.89	84	67.63	73.85	78.74
23.37	54.45	82.7	74.72	78.15	78.41
26.08	55.80	82.3	89.43	89.43	78.15

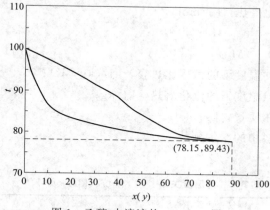

图 1　乙醇-水溶液的 $t \sim y \sim x$ 图

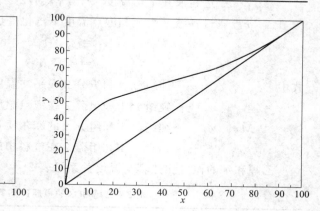

图 2　乙醇-水溶液的 $y \sim x$ 图

结论如下：

（1）普通精馏塔顶组成 $x_D < 0.894$，若要达到高纯度乙醇需采用其他特殊精馏方法。

（2）该体系为非理想体系，平衡曲线不能用 $y = f(\alpha, x)$ 来描述，只能用原平衡数据。

2. 全回流操作

特征：

（1）塔与外界无物料交换（无进料，无馏出液/产品）。

（2）操作线 $y = x$（每板间上升的气相组成等于下降的液相组成），理论板数图解见图 3。

（3）（$x_D - x_W$）最大（理论板数最少）。

在实际工业生产中应用于设备的开、停车阶段，使系统运行尽快达到稳定。

3. 部分回流操作

可以测出以下数据：

温度（℃）：t_D，t_F，t_W；

组成（摩尔分数）：x_D，x_F，x_W；

塔顶回流量（L/h）：F，D，L；

回流比（R）：$R = L/D$。

精馏段操作线：

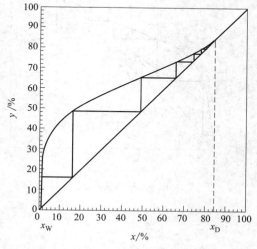

图 3　乙醇-水系统理论板数图解

$$y=\frac{R}{R+1}x+\frac{x_{\mathrm{D}}}{R+1} \tag{1}$$

部分回流时，进料热状况参数的计算式为：

$$q=1+\frac{\overline{c}_{p,\mathrm{L}}\times(t_{\mathrm{b,F}}-t_{\mathrm{F}})}{r} \tag{2}$$

式中　t_{F}——进料液温度，℃；

　　　$t_{\mathrm{b,F}}$——进料液的泡点温度，℃；

　　　$\overline{c}_{p,\mathrm{L}}$——进料液在平均温度 $(t_{\mathrm{b,F}}+t_{\mathrm{F}})/2$ 下的恒压比热容，kJ/(mol·K)；

　　　r——进料液其组成和泡点温度下汽化潜热，kJ/mol。

$$\overline{c}_{p,\mathrm{L}}=c_{p,1}M_1x_1+c_{p,2}M_2x_2 \tag{3}$$

$$r=r_1M_1x_1+r_2M_2x_2 \tag{4}$$

式中　$c_{p,1}$、$c_{p,2}$——纯组分1和组分2在平均温度下的恒压比热容，kJ/(kg·K)；

　　　r_1、r_2——纯组分1和组分2在泡点温度下的汽化潜热，kJ/kg；

　　　M_1、M_2——纯组分1和组分2的摩尔质量，kg/mol；

　　　x_1、x_2——纯组分1和组分2在进料中的摩尔分数。

乙醇和水的恒压比热容与温度关系见表2。

表2　乙醇和水的恒压比热容 c_p 与温度关系　　　单位：kJ/(kg·K)

物质	温度										
	0℃	10℃	20℃	30℃	40℃	50℃	60℃	70℃	80℃	90℃	100℃
乙醇	2.265	2.332	2.403	2.483	2.575		2.784		3.023		
水	4.216	4.191	4.183	4.178	4.178	4.178	4.183	4.187	4.195	4.204	4.212

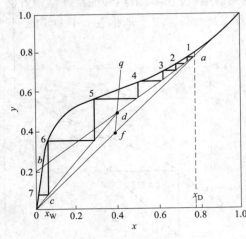

图4　塔体操作线

q 线方程：

$$y=\frac{q}{q-1}x-\frac{x_{\mathrm{F}}}{q-1} \tag{5}$$

根据精馏段操作线方程和 q 线方程可解得其交点 d 坐标 $(x_{\mathrm{d}}, y_{\mathrm{d}})$，如图4。

提馏段操作线方程：

根据 $(x_{\mathrm{W}}, y_{\mathrm{W}})$、$(x_{\mathrm{d}}, y_{\mathrm{d}})$ 两点坐标，利用两点式可求得提馏段操作线方程。

根据以上计算结果，作出相图。

根据作图法（如图4）或逐板计算法可求算出部分回流下的理论板数。

根据以上求得全回流或部分回流的理论板数，从而分别求得其全塔效率：

$$E_{\mathrm{T}}=\frac{N_{\text{理论}}-1}{N_{\text{实际}}}\times100\% \tag{6}$$

三、实验装置

1. 流程说明

筛板精馏塔实验流程图见图5。

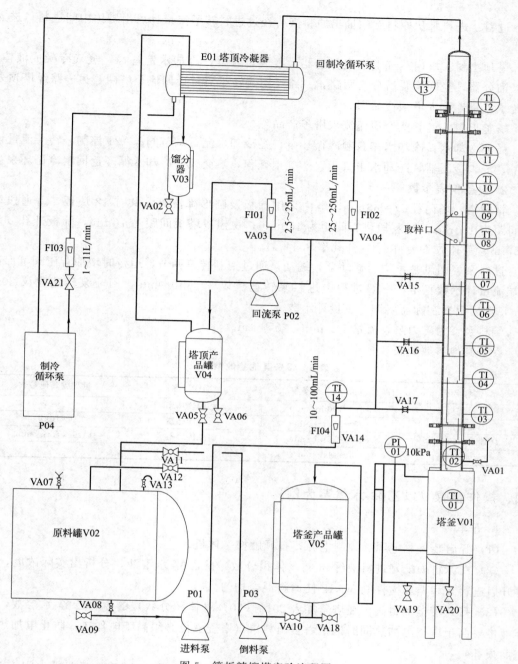

图 5　筛板精馏塔实验流程图

阀门：VA01—塔釜加料阀；VA02—馏分器取样阀；VA03—塔顶采出流量调节阀；VA04—塔回流流量调节阀；VA05—塔顶产品罐放料阀；VA06—塔顶产品罐取样阀；VA07—原料罐加料阀；VA08—原料罐放料阀；VA09—原料罐取样阀；VA10—塔釜产品罐出料阀；VA11—塔釜产品倒料阀；VA12—原料罐循环搅拌阀；VA13—原料罐放空阀；VA14—进料流量调节阀；VA15—塔体进料阀1；VA16—塔体进料阀2；VA17—塔体进料阀3；VA18—塔釜产品罐取样阀；VA19—塔釜取样阀；VA20—塔釜放净阀；VA21—冷却水流量调节阀

温度：TI01—塔釜温度；TI02—塔釜下段温度1；TI03—进料段温度1；TI04—塔身下段温度2；TI05—进料段温度2；TI06—塔身中段温度；TI07—进料段温度3；TI08—塔身上段温度1；TI09—塔身上段温度2；TI10—塔身上段温度3；TI11—塔身上段温度4；TI12—塔顶温度；TI13—回流温度；TI14—进料温度

压力：PI01—塔釜压力

流量：FI01—塔顶采出流量计；FI02—回流流量计；FI03—冷却水流量计；FI04—进料流量计

进料：进料泵从原料罐内抽出原料液，经过进料转子流量计后由塔体中间进料口进入塔体。

塔顶出料：塔内蒸气上升至冷凝器，蒸气走壳程，冷却水走管程，蒸气冷凝成液体，流入馏分器，经回流泵后分为两路，一路经回流转子流量计回流至塔内，另一路经塔顶采出转子流量计流入塔顶产品罐。

塔釜出料：塔釜液经溢流流入塔釜产品罐。

循环冷却水：冷却水来自制冷循环泵，经冷却水流量调节阀 VA21 控制、转子流量计计量，流入冷凝器，冷却水走管程，蒸气走壳程，热交换后冷却水循环返回制冷循环泵。

2. 设备仪表参数

精馏塔：塔内径 $D=68\text{mm}$，塔内采用筛板及圆形降液管，共有 12 块板，普通段塔板间距为 100mm，进料段塔板间距为 150mm，视盅段塔板间距为 70mm，筛板开孔 $d=2.8\text{mm}$，筛孔数 $N=40$ 个，开孔率 9.44%。

进料泵、回流泵：均为蠕动泵，蠕动泵通过控制转速调节，运行时增加背压阀可保证后端流量计示数稳定，一般过程中进料泵转速建议 $30\sim40\text{r/min}$，回流泵转速建议 80r/min，然后根据实际需要调节流量计示数。

倒料泵：为磁力泵，流量 7L/min，扬程 4m。

设备其他参数见表 3。

表 3　设备其他参数情况表

部件名称	量程或其他参数	部件名称	量程或其他参数
进料流量计	$10\sim100\text{mL/min}$	总加热功率	4.5kW
回流流量计	$25\sim250\text{mL/min}$	压力传感器	$0\sim10\text{kPa}$
塔顶采出流量计	$2.5\sim25\text{mL/min}$	温度传感器	Pt100，直径 3mm
冷却水流量计	$1\sim11\text{L/min}$		

四、操作步骤（以乙醇-水体系为例）

1. 开车

（1）开启装置总电源、控制电源，打开触控一体机。

（2）在原料罐配好进料液约 30%（体积分数）的乙醇-水溶液，分析出实际浓度，同时开启进料泵和循环搅拌阀 VA12 使原料混合均匀。

（3）打开塔釜加料阀，在塔釜加入 20%～30%（体积分数）的原料乙醇-水溶液，塔釜液位要高于塔釜电加热同时低于塔釜出料口（塔釜液位必须高于电加热，防止电加热干烧而损坏）。

（4）启动制冷循环泵，设置制冷循环温度为 5℃左右，打开塔顶冷凝器进水阀 VA21 至最大，流量约 7L/min。

（5）点击监控界面"塔釜加热器"（压力控温模式），点击上电，设置压力设定值为 0.7kPa（参考值），点击自动模式，点击运行，点击上电，压力报警上限设为 1～1.5kPa，启动塔釜加热器，可参考软件操作说明部分，塔釜液沸腾后，观察馏分器 V03 中有液体出现。

（6）当馏分器 V03 液位上升至中部时，启动回流泵，调节蠕动泵转速，微调回流流量调节阀 VA04，使回流流量与冷凝量保持一致，进行全回流操作。回流流量的确定可根据馏分器液位高度变化来确定。

2. 进料稳定阶段

（1）在塔顶有回流后，维持塔釜压力 0.6～0.7kPa。

（2）全回流操作稳定一定时间后，打开进料泵，调节蠕动泵转速在 30～40r/min，调节转子流量计旋钮使进料流量稳定在 60mL/min。

（3）维持塔顶温度、塔底温度、馏分器液位不变后操作才算稳定。

3. 部分回流

（1）调节塔顶采出流量调节阀 VA03 进行部分回流操作，一般情况下回流比控制 $R = L/D = 4～8$（可根据情况自行确定）。

（2）待塔顶、塔釜温度稳定后，分别读取塔顶、塔釜、进料的温度，取样检测乙醇浓度，记录相关数据。

注：乙醇-水体系可通过酒度比重计测得乙醇浓度，操作简单快捷，但精度较低，若要实现高精度测量，可利用气相色谱进行浓度分析。

4. 非正常操作（非正常操作种类选做）

（1）回流比过小（塔顶采出量过大），引起的塔顶产品浓度降低。

（2）进料量过大，引起降液管液泛。

（3）塔釜压力过低，容易引起塔板漏液。

（4）塔釜压力过高，容易引起塔板过量雾沫夹带，甚至液泛。

5. 停车

实验结束时，点击监控界面"进料泵"按钮，点击停止。关闭转子流量计 FI04、进料流量调节阀 VA14，点击"塔釜加热器按钮"，点击停止压力调节模式，点击断电，停止塔釜加热器，参照软件操作说明部分。关闭转子流量计 FI01 塔顶采出流量调节阀 VA03，维持全回流状态约 5min 后，点击监控界面"回流泵"按钮，点击停止，关闭转子流量计 FI02、塔顶回流流量调节阀 VA04。待视盅塔塔板上无气液时，在制冷循环泵操作面板上关闭电源，点击监控界面"制冷泵"按钮，停止制冷循环泵 P04，关闭转子流量计 FI03、冷却循环水流量调节阀 VA21。关闭全部阀门，点击退出系统，触控一体机关机；关闭控制电源，关闭总电源。

五、实验要求

1. 提前熟悉实验目的、实验流程，结合所学精馏的基本原理完成实验预习报告。

2. 观看实验教学及实验仪器操作视频熟悉实验装置，了解各仪表的使用方法和数据采集方法。

3. 按照实验操作要求和步骤进行实验，获取完整、准确的原始实验数据。

4. 实验中注意实验安全、实验室卫生和课堂纪律，实验结束按要求将实验物品摆放整齐。

5. 整理、分析、处理实验数据，撰写实验报告。

六、操作注意事项

1. 每组实验前应观察塔釜液位是否合适，液位是否过低或无液，过低或无液时电加热器会被烧坏。因为电加热是湿式加热，液体液位必须高于电加热管时才能启动电加热，否则，会烧坏电加热器。

2. 长期不用时，应将设备内的水放净。在冬季室内温度达到冰点时，设备内严禁存水。

3. 严禁打开电柜，以免发生触电。

4. 制冷循环泵应在加热前打开，保证实验开始后有足够的冷源循环冷却。

七、实验结果与数据处理

1. 实验原始数据记录

记录原始实验数据于表 4 和表 5 中，用逐板计算法和作图法求得理论板数。

表 4　部分回流时，不同温度、乙醇浓度及 x 组成表

塔顶产品				进料				塔釜产品			
t /℃	V_t /(V/V)	V_{20} /(V/V)	x_D	t /℃	V_t /(V/V)	V_{20} /(V/V)	x_F	t /℃	V_t /(V/V)	V_{20} /(V/V)	x_W

注：t 为溶液的温度。

V_t 为溶液温度 t 下的酒度。即温度 t 下，酒度计测得的读数，例如读数 60，表示乙醇溶液此时的浓度为 100mL 溶液中含乙醇 60mL。

V_{20} 表示换算成标准温度下（20℃）的酒度。

表 5　部分回流时，色谱检测数据记录表

进料 温度/℃		进料 浓度 x_F		塔顶 温度/℃		塔顶 浓度 x_D		塔顶 温度/℃		塔底 浓度 x_W		回流比

2. 实验数据处理与结果

（1）画出在全回流条件下，塔顶温度随时间的变化曲线。

（2）画出乙醇-水溶液的 $y \sim x$ 相图，用图解法求出部分回流条件下的理论板数。

（3）计算出全回流和部分回流条件下的总板效率。

八、思考题

1. 精馏操作中，开车时（精馏塔冷启动）为什么要采用全回流操作？

2. 精馏操作有哪些主要不正常的操作现象？如何改善这些不正常操作现象？

3. 实验中如何确定最合适进料口位置？

4. 测定的全塔效率大小有何意义？有哪些主要因素影响全塔效率？

九、数据计算处理示例

采用色谱检测所得数据见表 6。

表 6　物料参数数据表

进料温度 /℃	塔顶温度 /℃	塔底温度 /℃	进料浓度 x_F	塔顶浓度 x_D	塔底浓度 x_W	回流比
30.3	78.1	97.1	0.0805	0.7833	0.005645	10

理论板数及全塔效率计算如下。

（1）进料热状况 q

进料温度：$t_F = 30.3℃$

在 $x_F = 0.0805$ 下，根据 $t \sim x(y)$ 相图可分别查出泡点温度 $t_{b,F} = 88.03℃$。

平均温度：

$$t = \frac{30.3 + 88.03}{2} \approx 59.165(℃)$$

$t_{b,F} = 88.03℃$ 时，乙醇与水的摩尔汽化热分别为：

$$r_{乙醇} = 846kJ/kg = 38.975kJ/mol$$
$$r_{水} = 2258kJ/kg = 40.689kJ/mol$$

平均摩尔汽化热为：

$$r = 38.975 \times 0.0805 + 40.689 \times (1-0.0805)$$
$$= 40.551(kJ/mol)$$

平均温度 $t = 59.165℃$ 时，乙醇和水的摩尔热容为：

$$c_{p,乙醇} = 2.774kJ/(kg \cdot K) = 0.1278kJ/(mol \cdot K)$$
$$c_{p,水} = 4.179kJ/(kg \cdot K) = 0.07531kJ/(mol \cdot K)$$

平均摩尔热容为：

$$\overline{c}_{p,L} = 0.1278 \times 0.0805 + 0.0753 \times (1-0.0805)$$
$$= 0.0795[kJ/(mol \cdot K)]$$

故

$$q = 1 + \frac{\overline{c}_{p,L}(t_{b,F} - t_F)}{r}$$
$$= 1 + \frac{0.0795 \times (88.03 - 30.3)}{40.551}$$
$$\approx 1.11$$

（2）精馏段操作线方程

$$y = \frac{R}{R+1}x + \frac{x_D}{R+1}$$

当 $R = 10$ 时，代入数据得：

$$y = 0.9091x + 0.0712$$

（3）q 线方程

$$y = 10.091x - 0.7318$$

（4）提馏段操作线方程

$$y = 1.7732x - 0.0044$$

（5）由以上操作线方程采用绘图法得理论塔板数 $N = 6$，详见图 6。

全塔效率：$E_T = \dfrac{N_{理论} - 1}{N_{实际}} \times 100\%$

$$= \frac{6-1}{12}$$
$$\approx 41.7\%$$

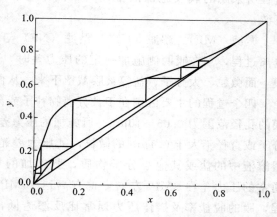

图 6　回流比 $R = 10$ 时的理论板数

乙醇-水的汽液平衡组成

软件操作说明

实验 6 膜分离实验

膜分离技术是 20 世纪初出现、20 世纪 60 年代后迅速崛起的一门分离新技术。膜分离技术由于兼有分离、浓缩、纯化和精制的功能，又有高效、节能、环保、分子级过滤及过滤过程简单、易于控制等特征，因此，已广泛应用于食品、医药、生物、环保、化工、石油、水处理、仿生等领域，产生了巨大的经济效益和社会效益，已成为当今分离科学中最重要的手段之一。

一、实验目的

1. 了解膜的结构和影响膜分离效果的因素，包括膜材质、压力和流量等。
2. 了解膜分离的主要工艺参数，掌握膜组件性能的表征方法。
3. 了解和熟悉超滤膜分离的工艺过程。

二、基本原理

膜分离技术是最近几十年迅速发展起来的一类新型分离技术。膜分离是以对组分具有选择性透过功能的人工合成的或天然的高分子薄膜（或无机膜）为分离介质，通过在膜两侧施加（或存在）一种或多种推动力，使原料中的某组分选择性地优先透过膜，从而达到混合物的分离，并实现产物的提取、浓缩、纯化等目的的一种新型分离过程。其推动力可以为压力差（也称跨膜压差）、浓度差、电位差、温度差等。膜分离过程有多种，不同的过程所采用的膜及施加的推动力不同，通常称进料液流侧为膜上游，透过液流侧为膜下游。

微滤（MF）、超滤（UF）、纳滤（NF）与反渗透（RO）都是以压力差为推动力的膜分离过程，当在膜两侧施加一定的压力差时，可使一部分溶剂及小于膜孔径的组分透过膜，而微粒、大分子、盐等被膜截留下来，从而达到分离的目的。

四个过程的主要区别在于被分离物粒子或分子的大小和所采用膜的结构与性能。微滤膜的孔径范围为 $0.05\sim10\mu m$，所施加的压力差为 $0.015\sim0.2MPa$；超滤分离的组分是大分子或直径不大于 $0.1\mu m$ 的微粒，其压力差范围为 $0.1\sim0.5MPa$；反渗透常被用于截留溶液中的盐或其他小分子物质，所施加的压差与溶液中溶质的分子量及浓度有关，通常的压力差在 2MPa 左右，也有高达 10MPa 的；介于反渗透与超滤之间的为纳滤过程，膜的脱盐率及操作压力通常比反渗透低，一般用于分离溶液中分子量为几百至几千的物质。

1. 微滤与超滤

微滤过程中，被膜所截留的通常是颗粒性杂质，可将沉积在膜表面上的颗粒层视为滤饼层，则其实质与常规过滤过程近似。本实验中，将含颗粒的混浊液或悬浮液，经压差推动通过微滤膜组件，改变不同的料液流量，观察透过液侧清液情况。

对于超滤，筛分理论被广泛用来分析其分离机理。该理论认为，膜表面具有无数个微孔，这些实际存在的不同孔径的孔眼像筛子一样，截留住分子直径大于孔径的溶质和颗粒，从而达到分离的目的。应当指出的是，在有些情况下，孔径大小是物料分离的决定因素；但对另一些情况，膜材料表面的化学特性却起到了决定性的截留作用。如有些膜的孔径既比溶剂分子大，又比溶质分子大，本不应具有截留功能，但令人意外的是，它却仍具有明显的分离效果。由此可见，膜的孔径大小和膜表面的化学性质将分别起着不同的截留作用。

2. 膜性能的表征

一般而言，膜组件的性能可用截留率（R）、透过液通量（J）和溶质浓缩倍数（N）来表示。

（1）截留率（R）

$$R = \frac{c_0 - c_p}{c_0} \times 100\% \tag{1}$$

式中　R——截留率；

　　　c_0——原料液的浓度，$kmol/m^3$；

　　　c_p——透过液的浓度，$kmol/m^3$。

对于不同溶质成分，在膜的正常工作压力和工作温度下，截留率不尽相同，因此这也是工业上选择膜组件的基本参数之一。

（2）透过液通量（J）

$$J = \frac{V_p}{St} \tag{2}$$

式中　J——透过液通量，$L/(m^2 \cdot h)$；

　　　V_p——透过液的体积，L；

　　　S——膜面积，m^2；

　　　t——分离时间，h。

又定义 $Q = \dfrac{V_p}{t}$ 为透过液的体积流量，在把透过液作为产品侧的某些膜分离过程中（如污水净化、海水淡化等），该值用来表征膜组件的工作能力。一般膜组件出厂，均有纯水通量这个参数，即用日常自来水（显然钙离子、镁离子等成为溶质成分）通过膜组件而得出的透过液通量。

（3）溶质浓缩倍数（N）

$$N = \frac{c_R}{c_p} \tag{3}$$

式中　N——溶质浓缩倍数；

　　　c_R——浓缩液的浓度，$kmol/m^3$；

c_p——透过液的浓度，$kmol/m^3$。

该值比较了浓缩液和透过液的分离程度，在某些以获取浓缩液为产品的膜分离过程中（如大分子提纯、生物酶浓缩等），是重要的表征参数。

三、实验设备与装置

本实验装置均为科研用膜，透过液通量和最大工作压力均低于工业现场实际使用情况，实验中不可使膜组件在超压状态下工作。主要工艺参数如表1。

表 1　膜分离装置主要工艺参数

膜组件	膜材料	膜面积/m^2	最大工作压力/MPa
超滤(UF)	聚砜聚丙烯	0.1	0.15

本装置中的超滤孔径可分离分子量5万级别的大分子，医药科研上常用于截留大分子蛋白质或生物酶。作为演示实验，可选用90mL聚乙二醇加适量水配成的水溶液作为料液进行实验。膜分离流程示意图见图1。

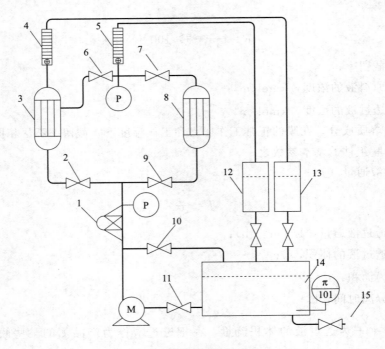

图 1　膜分离流程示意图

1—预过滤器；2—超滤进口阀；3—超滤膜；4—浓液流量计；5—清液流量计；6—超滤清液出口阀；
7—微滤清液出口阀；8—微滤膜；9—微滤进口阀；10—泵回流阀；11—泵入口阀；12—清液储槽；
13—浓液储槽；14—料液储槽；15—排空阀

四、实验方法与步骤

以自来水为原料，考察料液通过超滤膜后，膜的透过液通量随时间的衰减情况，并考察操作压力和膜表面流速对透过液通量的影响。操作步骤如下：

（1）放出超滤组件中的保护液。

（2）用 60℃ 去离子水清洗超滤组件 2~3 次，时间 30min。

（3）向原料液储槽中加入一定量的自来水，并加入 90mL 聚乙二醇后，打开低压料液泵回流阀和低压料液泵出口阀，打开超滤进口阀、超滤清液出口阀和浓液出口阀，则整个超滤单元回路已畅通。

（4）启动泵至稳定运转后，通过泵出口阀门和超滤馏液出口阀门调节所需要的流量和压力，待稳定后每隔 10min 测量一定实验时间内的渗透液体积，做好记录（共 6 次）。

（5）调节膜后的压力为 0.03MPa，稳定后，测量渗透液的体积，做好记录。

（6）依次增加膜后的压力分别为 0.04MPa、0.06MPa、0.08MPa，分别测量渗透液的体积，做好记录。

（7）利用去离子水清洗超滤组件 2~3 次，时间 30min。

（8）加入保护液甲醛溶液于超滤膜组件中，然后密闭系统，避免保护液损失。

五、实验要求

（1）实验前预习实验内容，包括熟悉实验目的、实验原理和实验装置，了解各仪表的使用方法和数据采集器；

（2）实验前完成实验预习报告，经指导老师审核同意后方可开始实验；

（3）按照实验操作规程要求和实验步骤进行实验，获取实验数据完整、准确。所有实验数据经指导老师审核同意后方可停止实验；

（4）注意实验安全、实验室卫生和课堂纪律，不得在实验期间大声喧哗、打闹，所有物品按要求摆放整齐；

（5）整理、分析、处理实验数据，撰写实验报告，实验报告每人一份。

六、操作注意事项

（1）每个单元分离过程前，用清水彻底清洗该段回路后才能进行料液实验。

（2）整个单元操作结束后，先用清水清洗管路，之后在保护液储槽中配制 0.5%~1% 浓度的甲醛溶液，经保护液泵逐个将保护液打入各膜组件中，使膜组件浸泡在保护液中。

（3）对于长期使用的膜组件，其吸附杂质较多，或者浓差极化明显，则膜分离性能显著下降。对于预滤和微滤组件，采取更换新内芯的手段；对于超滤、纳滤和反渗透组件，一般先采取反清洗手段，若反清洗后膜组件仍无法恢复分离性能（如基本的截留率显著下降），则表面膜组件使用寿命已到尽头，需更换新内芯。

七、实验结果与数据处理

1. 实验原始数据记录

（1）膜前压力 p_1 = 0.12MPa，膜后压力 p_2 = 0.04MPa，压差 Δp = 0.08MPa，膜面积 0.1m^2 时的实验数据记录于表 2。

表 2　透过液通量实验数据记录（一）

时间 t/min	浊液体积 V_1/mL	清液体积 V_2/mL	时间 Δt/s	总体积 V_3/mL	透过液通量 J/[L/(m^2·h)]	平均透过液通量 /[L/(m^2·h)]
10						
20						
30						
40						
50						
60						

（2）膜前压力 $p_1 = 0.14$MPa，膜后压力 $p_2 = 0.06$MPa，压力差 $\Delta p = 0.08$MPa，膜面积 0.1m^2 时的实验数据记录于表 3。

表 3　透过液通量实验数据记录（二）

时间 t/min	浊液体积 V_1/mL	清液体积 V_2/mL	时间 Δt/s	总体积 V_3/mL	透过液通量 J/[L/(m^2·h)]	平均透过液通量 /[L/(m^2·h)]
10						
20						
30						
40						

时间 t/min	浊液体积 V_1/mL	清液体积 V_2/mL	时间 $\Delta t/\text{s}$	总体积 V_3/mL	透过液通量 $J/[\text{L}/(\text{m}^2 \cdot \text{h})]$	平均透过液通量 $/[\text{L}/(\text{m}^2 \cdot \text{h})]$
50						
60						

（3）膜前压力 $p_1 = 0.16\text{MPa}$，膜后压力 $p_2 = 0.08\text{MPa}$，压力差 $\Delta p = 0.08\text{MPa}$，膜面积 0.1m^2 时的实验数据记录于表 4。

表 4　透过液通量实验数据记录（三）

时间 t/min	浊液体积 V_1/mL	清液体积 V_2/mL	时间 $\Delta t/\text{s}$	总体积 V_3/mL	透过液通量 $J/[\text{L}/(\text{m}^2 \cdot \text{h})]$	平均透过液通量 $/[\text{L}/(\text{m}^2 \cdot \text{h})]$
10						
20						
30						
40						
50						
60						

2. 实验数据处理及结果

提示：

（1）由实验数据及图表可得，在相同压力下，膜的透过量随时间的增加而明显降低。在不同压力下，压力增大时，由于超滤膜的截留作用，加入的聚乙二醇在膜的表面形成凝胶层，并且凝胶层的阻力随压力的升高而升高，故压力增大并没有使得透过液通量增加。

（2）随着时间的增加，相隔相同时间内，膜的透过液通量不断减小。主要原因是：随着超滤的进行，聚乙二醇由于分子大，被阻挡在膜前，小分子不断通过膜，在膜内表面上形成一个高浓度区，浓度达一定程度时，形成膜内表面的二次薄膜，这层膜极大增加了小分子物质的透过阻力，也使膜的有效孔径变小，使之更易堵塞，因此膜的透过液通量也越来越低。

（3）随着膜后操作压力的增加，浓液的流量增加速度快，膜的通量也较大，但是呈下降趋势。膜的平均浊液体积和平均清液体积比较稳定，随时间变化不大。相同时间内，随着膜后压力的增大，平均通透量减小，呈下降趋势。

八、思考题

1. 膜组件中加保护液有何意义？
2. 查阅文献，回答什么是浓差极化。有什么危害？有哪些消除方法？
3. 为什么随着分离时间的延长，膜的通量越来越低？
4. 如果操作压力过高或流量过大会有什么结果？

九、实验数据处理示例

以膜后压力为 0.04MPa 时，过滤时间为 50min 的第一组数据为例，实验数据如表 5。

表 5　透过液通量实验数据记录（四）

时间 t/min	浊液体积 V_1/mL	清液体积 V_2/mL	时间 Δt/s	总体积 V_3/mL	透过液通量 J/[L/(m²·h)]	平均透过液通量 /[L/(m²·h)]
10min	115	30	10.1	145	8.70	8.62
	114	30	10.2	144	8.64	
	113	29	10.2	142	8.52	
20min	115	32	10.2	147	4.35	4.31
	110	31	10.2	141	4.32	
	113	22	10.2	135	4.26	
30min	113	31	10.3	144	2.88	2.91
	114	32	10.1	146	2.92	
	115	31	10.2	146	2.92	
40min	115	32	10.2	147	2.21	2.21
	115	32	10.2	147	2.21	
	115	32	10.1	147	2.21	
50min	115	30	10.3	145	1.74	1.73
	114	30	10.1	144	1.73	
	114	30	10.2	143	1.72	

由实验数据得：

$$S = 0.1 \text{m}^2$$
$$V_3 = V_1 + V_2$$
$$= 115 + 30$$
$$= 145 \text{（mL）}$$

$$J_1 = \frac{V_3}{St}$$

$$= \frac{145}{0.1 \times \dfrac{50}{60}}$$

$$\approx 1.74 \ (\mathrm{m^2 \cdot h})$$

同理,
$$J_2 = 1.73 \ (\mathrm{m^2 \cdot h})$$
$$J_3 = 1.72 \ (\mathrm{m^2 \cdot h})$$

故,
$$J_{平均} = \frac{J_1 + J_2 + J_3}{3}$$

$$= 1.73 \ (\mathrm{m^2 \cdot h})$$

将实验结果及计算结果绘图见图2。

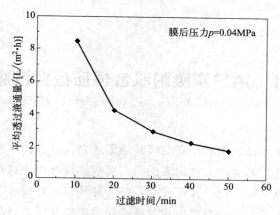

图2　不同时间的透过液通量 J 变化情况

第六章
化工原理创新实验

实验 1　活性炭吸附联合恒压板框过滤实验

活性炭是由含碳量丰富的物质经高温或其他形式炭化（活化）形成的，具有疏松多孔的结构，内部空隙发达，具有较大的比表面积，对溶解性有机物具有很强的吸附能力，能有效脱去溶液颜色，其来源广泛、操作简单，是一种环境友好型吸附剂，广泛应用于污染治理、食品加工、医药化工产品生产。通过活性炭对模拟亚甲基蓝废水进行吸附，研究不同反应参数对处理效果影响，确定最优化的吸附条件，为该方法处理印染废水提供依据。本实验创新地设计了使用活性炭吸附溶液中的色素，之后采用板框过滤进行液固分离，模拟了化工生产中常见的两种单元操作的耦合工艺，加深学生对化工生产工艺的认识。

一、实验目的

1. 学会活性炭吸附及吸附过程类型的判断方法。
2. 熟悉板框过滤机的结构和操作方法。
3. 测定恒压过滤常数 K、q_e 及压缩指数 s 和物料特性常数 k，验证板框过滤速率方程。

二、实验原理

1. 活性炭特性

活性炭是水处理吸附法中广泛应用的吸附剂之一，有粒状和粉末状两种。其中粉末活性炭应用于水处理在国内外已有较长的历史。活性炭是一种暗黑色含碳物质，具有发达的微孔构造和巨大的比表面积。它化学性质稳定，可耐强酸强碱，具有良好吸附性能，是多孔的疏水性吸附剂。活性炭最初用于制糖业，后来广泛用于去除污染水中的有机物和某些无机物。它几乎可以用含有碳的任何物质作原材料来制造，在活性炭制造过程中，挥发性有机物被去除，晶格间生成空隙，形成许多形状各异的细孔。其孔隙占活性炭总体积的70%～80%，每克活性炭的表面积可高达 $500～1700m^2$，但 99.9% 都在多孔结构的内部。活性炭的极大吸附能力即在于它具有这样大的吸附面积。

2. 活性炭吸附特征

活性炭的孔隙大小分布很宽，从 $10^{-1}nm$ 到 10^4nm，一般按孔径大小分为微孔、过渡孔和大孔。在吸附过程中，真正决定活性炭吸附能力的是微孔结构。活性炭的全部比表面积几乎都是微孔构成的，大孔和过渡孔只起着吸附通道作用，但它们的存在和分布在相当程度上影响了吸附和脱附速率。研究表明，活性炭吸附过程中同时存在着物理吸附、化学吸附和离子交换吸附。在活性炭吸附法水处理过程中，利用 3 种吸附的综合作用达到去除污染物的目的。对于不同的吸附物质，3 种吸附所起的作用不同。

（1）物理吸附　分子力产生的吸附称为物理吸附，它的特点是被吸附的分子不附着在吸附剂表面固定点上，而是能在界面上作自由移动。物理吸附可以形成单分子层吸附，又可形成多分子层吸附。由于分子力的普遍存在，一种吸附剂可以吸附多种物质，但由于吸附物质不同，吸附量也有所差别。这种吸附现象与吸附剂的表面积、细孔分布有着密切关系。

（2）化学吸附　活性炭在制造过程中炭表面能生成一些官能团，如羧基、羟基等，所以活性炭也能进行化学吸附。吸附剂和吸附质之间靠化学键的作用，发生化学反应，使吸附剂与吸附质之间牢固地联系在一起。一种吸附剂只能对某种或特定几种物质有吸附作用，因此化学吸附只能是单分子层吸附，吸附是较稳定的，不易解吸。活性炭在制造过程中，由于制造工艺不一样，若活性炭表面有碱性氧化物则可以吸附溶液中的酸性物质，若活性炭表面有酸性氧化物则可以吸附溶液中的碱性物质。

（3）离子交换吸附　一种物质的离子由于静电引力聚集在吸附剂表面的带电点上，在吸附过程中，伴随着等量离子的交换。离子的电荷是交换吸附的决定因素。被吸附的物质往往发生了化学变化，改变了原来被吸附物质的化学性质。这种吸附也是不可逆的，因此仍属于化学吸附，活性炭经再生也很难恢复到原来的性质。

3. 活性炭在水处理中的应用

本实验用亚甲基蓝（$C_{16}H_{18}ClN_3S$）代替工业废水中的有机污染物，采用活性炭吸附法模拟水处理，探究活性炭投放量、吸附时间等因素对活性炭吸附性的影响，探究活性炭处理有机污染水体时的最优工艺参数。采用活性炭吸附法处理污水或废水就是利用其多孔性固体表面，吸附去除污水或废水中的有机物或有毒物质，使之得到净化。研究表明，活性炭对分子量在 $500～1000$ 范围内的有机物具有较强的吸附能力。活性炭对有机物的吸附受其孔径分布和有机物特性的影响，其中有机物特性的影响主要表现在其极性和分子大小两方面。同样大小的有机物，溶解度越大、亲水性越强，活性炭对它的吸附性越差；反之，活性炭对溶解度小、亲水性差、极性弱的有机物，如苯类化合物、酚类化合物等，具有较强的吸附作用。此时影响活性炭水处理的主要因素有：活性炭的性质、吸附质性质、吸附质的浓度、溶液 pH、溶液温度、多组分吸附质共存和吸附操作条件等。

4. 过滤是液体通过滤渣层（过滤介质与滤饼）的流动

（1）恒压过滤

无论是生产还是设计，过滤计算都需要过滤常数作依据。由于滤渣厚度随着时间而增加，所以恒压过滤速率随着时间的延长而降低。不同物料形成的悬浮液，其过滤常数差别很大，即使是同一种物料，由于浓度不同，滤浆温度不同，其过滤常数也不尽相同，故要有可靠的实验数据作参考。

$$V^2 + 2VV_e = KA^2\tau \qquad\qquad (1)$$

或

$$q^2 + 2qq_e = K\tau \qquad\qquad (2)$$

式中　V——τ 时间内获得的滤液体积，m^3；

$\qquad V_e$——虚拟滤液体积，过滤速率模型建立时，假定滤布阻力相当于某一厚度滤饼的阻力，此时的滤饼体积所对应的滤液量即为虚拟滤液体积 V_e，m^3；

$\qquad q$——单位过滤面积获得的滤液体积，m^3/m^2；

$\qquad q_e$——单位过滤面积的虚拟滤液体积，m^3/m^2；

$\qquad \tau$——实际过滤时间，s；

$\qquad K$——过滤常数，m^2/s。

（2）过滤常数 K、q_e 的测定

过滤常数 K 与滤浆浓度、滤饼和滤液特性、操作压差有关，在恒压下为常数。q_e 是反映过滤介质的特性参数。为了便于测定过滤常数 K、q_e，将式（2）整理得：

$$\frac{\tau}{q} = \frac{1}{K}q + \frac{2}{K}q_e \qquad\qquad (3)$$

实验中，q 取两次测定的单位面积滤液量的平均值，$\bar{q} = \dfrac{q_{i+1} + q_i}{2}$，$m^3/m^2$。

式（3）为一直线方程。实验时，在恒压下过滤要测定的悬浮液，测出过滤时间 τ 及滤液累计量 q 的数据，在直角坐标纸上标绘 $\dfrac{\tau}{q}$ 对 q 的关系，所得直线斜率为 $\dfrac{1}{K}$，截距为 $\dfrac{2}{K}q_e$，从而求出 K、q_e。

（3）滤饼常数 k 和滤饼压缩指数 s 的测定

过滤常数的定义式：

$$K = 2k\Delta p^{1-s} \qquad\qquad (4)$$

两边取对数：

$$\ln K = (1-s)\ln(\Delta p) + \ln(2k) \qquad\qquad (5)$$

式中　s——滤饼的压缩指数；

$\qquad k$——反映过滤物料特性的滤饼常数，其值与过滤的性质、滤浆的浓度及滤饼的特性有关。

式（4）、式（5）中，因 s、k 均为常数，故 K 与 Δp 的关系，在双对数坐标上标绘的是一条直线。直线的斜率为 $1-s$，由此可计算出压缩性指数 s，读取 $\Delta p \sim K$ 直线上任一点处的 K、Δp 数据，一起代入式（4）便可计算出滤饼常数 k。

三、实验设备与装置

1. 可见分光光度计、恒温摇床

常用可见分光光度计均可用。恒温混合设备采用恒温摇床，也可以采用恒温搅拌装置。过程参数要求：转速控制精度 $\leq \pm 10\text{r/min}$；温度控制精度 $\leq \pm 0.5℃$；温度均匀性 $\leq \pm 1℃$。

2. 恒压板框过滤设备

如图1所示，滤浆槽内配有一定浓度的粉末活性炭悬浮液 [粉末活性炭浓度（质量分数）在 $0.1\%\sim0.5\%$，用 1mg/L 亚甲基蓝溶液或自来水配制]，用电动搅拌器进行均匀搅拌（浆液不出现旋涡为好）。启动旋涡泵，调节截止阀 3 使压力表 5 指示在规定值。滤液在计量桶内计量。

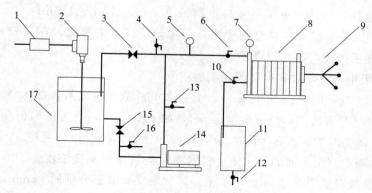

图 1 恒压过滤实验流程示意图

1—调速器；2—电动搅拌器；3、15—截止阀；4、6、10、12、13、16—球阀；5、7—压力表；
8—板框过滤机；9—压紧装置；11—计量桶；14—旋涡泵；17—滤浆槽

以天津大学开发的设备为例，设备的主要技术数据参考如下。

（1）旋涡泵　型号：非标设备；

（2）搅拌器　型号：KDZ-1；功率：160W（转速：32000r/min）；

（3）过滤板框　规格：板框为外方内圆正方形板框，正方形尺寸为 $180mm\times180mm\times11mm$，内圆直径为 123mm；本台设备有两个过滤框，总有效过滤面积为 $0.0475m^2$；

（4）滤布　型号：工业用；

（5）计量桶　长 275mm、宽 325mm；

（6）药品　亚甲基蓝、粉末活性炭。

3. 流程图

洗涤过程的流程见图2，图3为过滤机固定头管路分布示意图。

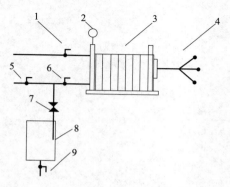

图 2 洗涤过程流程示意图

1、5、6、9—球阀；2—压力表；3—板框过滤机；
4—压紧装置；7—截止阀；8—计量桶

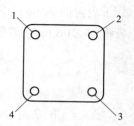

图 3 板框过滤机固定头管路分布图

1—过滤入口通道；2—洗涤入口通道；
3—过滤出口通道；4—洗涤出口通道

四、实验方法与步骤

1. 亚甲基蓝标线绘制

（1）配制 100mg/L 的亚甲基蓝溶液：量取 10mL、浓度为 1000mg/L 亚甲基蓝母液于 100mL 容量瓶，用蒸馏水稀释至标线。

（2）用移液管分别移取亚甲基蓝标准溶液 0.5mL、1mL、1.5mL、2mL、2.5mL 于 50mL 比色管中，用蒸馏水稀释至刻度线处，摇匀，以水为参比，在波长 664nm 处，用 1cm 比色皿测定吸光度，绘出标准曲线。

2. 活性炭吸附及吸附过程类型确定实验

分别称取 0.01g、0.02g、0.03g、0.04g、0.05g 粉末活性炭，加入 100mL、浓度为 20mg/L 的亚甲基蓝溶液中，调节至设定 pH，如 pH＝7.0，放入恒温振荡器中振荡，设定温度，如 25℃ 或 35℃，振荡吸附 0.5h，设置转速为 200r/min，反应 30min，取上清液（或离心分离）测定剩余溶液的吸光度。根据吸附前后亚甲基蓝浓度差、溶液体积和吸附剂用量计算活性炭对亚甲基蓝的吸附容量（Q）。对实验数据分别做 Langmuir 吸附方程和 Freundlich 吸附方程拟合。

常用来描述固-液体系中吸附行为的理论模型有 Langmuir 及 Freundlich 方程，其中应用最为广泛的是 Langmuir 方程。方程中的两个参数活性炭最大吸附容量 Q_m 和 Langmuir 模型常数或平衡常数 K_L，其物理意义明确。因此，常用 Langmuir 方程的线性形式来估算这两个参数，以比较和描述不同吸附体系的吸附特性，探讨吸附过程中的相关热力学问题。

活性炭的吸附能力以吸附量 Q 表示。所谓吸附量是指单位质量的吸附剂所吸附的吸附质的质量。本实验采用粉末状活性炭吸附水中的亚甲基蓝，达到平衡后，用分光光度法测得吸附前后亚甲基蓝的初始浓度 C_0 及平衡浓度 C^*，以此计算活性炭的吸附量 Q。

$$Q = \frac{V(C_0 - C^*)}{W} \tag{6}$$

式中　C_0——溶液中亚甲基蓝的初始浓度，mg/L；

　　　C^*——溶液中亚甲基蓝的平衡浓度，mg/L；

　　　W——活性炭投加量，g；

　　　V——溶液体积，L；

　　　Q——活性炭吸附量，mg/g。

（1）单分子吸附的 Langmuir 方程

单分子吸附的 Langmuir 方程为：

$$Q = Q_m K_L \frac{C^*}{1 + K_L C^*} \tag{7}$$

式中　Q_m——饱和吸附量；

　　　K_L——Langmuir 平衡常数。

方程两边取倒数得：

$$\frac{1}{Q} = \frac{1}{Q_m K_L} \times \frac{1}{C^*} + \frac{1}{Q_m} \tag{8}$$

式（8）两边同时乘以 C^* 得：

$$\frac{C^*}{Q} = \frac{1}{Q_m}C^* + \frac{1}{Q_m K_L} \tag{9}$$

本实验采用粉末状活性炭吸附水中的亚甲基蓝，达到平衡后，用分光光度法测得吸附前后亚甲基蓝的初始浓度 C_0 及平衡浓度 C^*，以此计算活性炭的吸附量 Q 和上清液亚甲基蓝的平衡浓度 C^*，进一步计算并绘制 $\frac{C^*}{Q} \sim C^*$ 曲线图。由式（9）可知，$\frac{C^*}{Q} \sim C^*$ 曲线为一直线，截距为 $\frac{1}{Q_m K_L}$，斜率为 $\frac{1}{Q_m}$，故可由此得出 Q_m 和 K_L。

（2）Freundlich 吸附方程

Freundlich 吸附方程为：

$$Q = K_L C^{*\frac{1}{n}} \tag{10}$$

式（10）两边取对数得：

$$\ln Q = \frac{1}{n}\ln C^* + \ln K_L \tag{11}$$

实验操作同第四章实验 4（板框过滤实验）。由式（11）知，$\ln Q$ 和 $\ln K_L$ 呈直线关系，将实验数据整理于表 3，利用表 3 数据作 $\ln Q \sim \ln C^*$ 曲线图。

3. 恒压板框过滤相关系数测定

（1）将系统接上电源，打开搅拌器电源开关，启动电动搅拌器 2。将滤浆槽 17 内浆液搅拌均匀。

（2）板框过滤机板、框排列顺序为：固定头—非洗涤板—框—洗涤板—框—非洗涤板—可动头。用压紧装置压紧后待用。

（3）见图 1，使阀门 3、10、15 处于全开，其他阀门处于全关状态。启动旋涡泵 14，调节阀门 3 使压力表 5 达到规定值。

（4）待压力表 5 稳定后，打开过滤入口阀门 6，过滤开始。当计量桶 11 内出现第一滴液体时按秒表计时。记录滤液每达到一定量时所用的时间。当测定完所需的数据，停止计时，并立即关闭入口阀门 6。

（5）调节阀门 3 使压力表 5 指示值下降。开启压紧装置，卸下过滤框内的滤饼并放回滤浆槽内，将滤布清洗干净。放出计量桶内的滤液并倒回槽内，以保证滤浆浓度恒定。

（6）改变压力或其他条件，从第（3）步开始重复上述实验。

（7）测定洗涤时间和洗水量，则每组实验结束后应用洗水管路对滤饼进行洗涤。洗涤流程见图 2。

（8）实验结束时关闭阀门 3 和 15，阀门 16 接上自来水、阀门 13 接通下水，对泵进行冲洗。关闭阀门 13，阀门 4 接通下水，阀门 6 打开，对滤浆进出口管进行冲洗。

五、实验要求

1. 实验前预习实验内容，包括熟悉实验目的、实验原理和实验装置，了解各仪表的使用方法和数据采集器。

2. 实验前完成实验预习报告，经指导老师审核同意后方可开始实验。

3. 按照实验操作规程要求和实验步骤进行实验，获取实验数据完整、准确。所有实验数据经指导老师审核同意后方可停止实验。

4. 注意实验安全、实验室卫生和课堂纪律，不得在实验期间大声喧哗、打闹，所有物品按要求摆放整齐。

5. 整理、分析、处理实验数据，撰写实验报告，实验报告每人一份。

六、操作注意事项

1. 过滤板与框之间的密封垫应注意放正，过滤板与框的滤液进出口对齐。用摇柄把过滤设备压紧，以免漏液。

2. 计量桶的流液管口应贴桶壁，否则液面波动影响读数。

3. 实验结束时关闭阀门 3 和 15。阀门 16 接通自来水对泵及滤浆进出口管进行冲洗。切忌将自来水灌入储料槽中。

4. 电动搅拌器为无级调速。使用时首先接通系统电源，打开调速器开关，调速钮一定由小到大缓慢调节，切勿反方向调节或调节过快损坏电机。

5. 启动搅拌前，用手旋转一下搅拌轴以保证顺利启动搅拌器。

七、实验结果与数据处理

1. 实验原始数据记录

（1）标准曲线

不同浓度亚甲基蓝标准液对应检测到的吸光度记录于表 1。根据表中数据，绘制吸光度 $A\sim$浓度 C 曲线。

表 1　不同浓度亚甲基蓝对应吸光度数据表

序号	1	2	3	4	5	6
浓度 C/(mg/L)						
吸光度 A						

（2）单分子层吸附

由式（9）知，$\dfrac{C^*}{Q}$ 和 C^* 呈直线关系，将实验数据整理于表 2。

表 2　单分子层吸附的 Langmuir 方程实验数据

序号	1	2	3	4	5	6
C^*/(mg/L)						
$\dfrac{C^*}{Q}$ /(g/L)						

根据表 2 数据作 $\dfrac{C^*}{Q}\sim C^*$ 图。

（3）Freundlich 吸附方程

由式（11）知，$\ln Q$ 和 $\ln K_L$ 呈直线关系，将实验数据整理于表 3。

表 3　Freundlich 吸附方程实验数据

序号	1	2	3	4	5	6
$\ln C^*$						
$\ln Q$						

2. 实验数据处理及结果

（1）根据表 2 数据作 $\dfrac{C^*}{Q} \sim C^*$ 图。

（2）由表 3 数据作 $\ln Q \sim \ln C^*$ 图。

由以上计算，采用 Langmuir 方程拟合的线性相关性与 Freundlich 吸附方程比较，可以确定粉末状活性炭对亚甲基蓝吸附过程。由 $\dfrac{C^*}{Q} \sim C^*$ 直线可计算出粉末状活性炭的饱和吸附量 Q_m，由直线截距 $\dfrac{1}{Q_m K_L}$，求得 K_L。

（3）恒压板框过滤有关系数实验测定与计算

① 在 0.05MPa、0.10MPa、0.15MPa 三种操作压力下测得实验数据记录于表 4。

表 4　过滤实验数据记录表

序号	液位高度/cm	$q/(m^3/m^2)$	时间 τ/s		
			0.05MPa	0.10MPa	0.15MPa
1					
2					
3					
4					
5					
6					
7					
8					
9					
10					
11					

② 绘制 $\dfrac{\tau}{q} \sim q$ 曲线，该曲线为直线，直线的斜率为 $\dfrac{1}{K}$，截距为 $\dfrac{2}{K} q_e$，故可求得恒压板框过滤系数 K 和单位过滤面积的虚拟滤液体积 q_e。

③ 在双对数坐标纸上标绘 $\Delta p \sim K$ 曲线是一条直线，直线的斜率为 $1-s$，由此可以计算出压缩性指数 s。读取双对数坐标纸上标绘的 $\Delta p \sim K$ 直线上任一点，获得点上的值 $(K, \Delta p)$，将这点上的值代入式（4），即可获得滤饼常数 k。各数值计算结果列于表 5。

表 5　过滤实验数据处理与计算结果

序号	斜率	截距	压差	K	q_e	s
1						
2						
3						

八、思考题

1. 如何设计实验测定活性炭的吸附量？列出实验主要步骤。

2. 用活性炭间歇法处理 5t 含某有害物 50mg/L 的废水，要求有害物去除率 90%，计算理论上所需活性炭的质量是多少？已知粉末状活性炭对废水有害物的饱和吸附量 $Q_m = 0.0353mg/mg$。

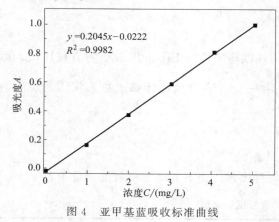

$y = 0.2045x - 0.0222$
$R^2 = 0.9982$

图 4　亚甲基蓝吸收标准曲线

3. 为什么过滤开始时，滤液常常有一点混浊，过一段时间才转清？

4. 板框过滤操作中，为了改善过滤效果，常常采用在滤浆中加入适量的助滤剂，请问一般如何选择助滤剂？

九、实验数据处理示例

1. 标准曲线绘制

实验测得的不同浓度亚甲基蓝标液对应吸光度如表 6 所示。根据表中数据，绘制吸光度 A～浓度 C 曲线，如图 4。

表 6　不同浓度亚甲基蓝对应吸光度数据表

序号	1	2	3	4	5	6
浓度 C/(mg/L)	0	1	2	3	4	5
吸光度 A	−0.003	0.165	0.373	0.591	0.81	0.998

标准曲线相关系数 $R = 0.9982$，说明在 664nm 处，亚甲基蓝浓度在 0～5mg/L 与吸光度有较好的线性关系。吸收曲线方程为 $y = 0.2045x - 0.0222$。

2. 单分子层吸附

由式（9）知，$\dfrac{C^*}{Q}$ 和 C^* 呈直线关系，将实验数据整理于表 7。

表 7　单分子层吸附的 Langmuir 方程实验数据

序号	1	2	3	4	5
C^*/(mg/L)	14.2	9.8	5.7	3.4	2.0
$\dfrac{C^*}{Q}$/(g/L)	245.2	190.4	120	81.8	54.7

根据表 7 数据作 $\dfrac{C^*}{Q}$～C^* 图，如图 5 所示，其相关系数为 0.9923。

3. Freundlich 吸附方程

由式（11）知，$\ln Q$ 和 $\ln K_L$ 呈直线关系，将实验数据整理于表 8。

表 8 Freundlich 吸附方程实验数据

序号	1	2	3	4	5
$\ln C^*$	0.7	1.2	1.7	2.3	2.7
$\ln Q$	-3.3	-3.2	-3.0	-3.0	-2.9

作 $\ln Q \sim \ln C^*$ 图，其相关系数为 0.9854，如图 6。

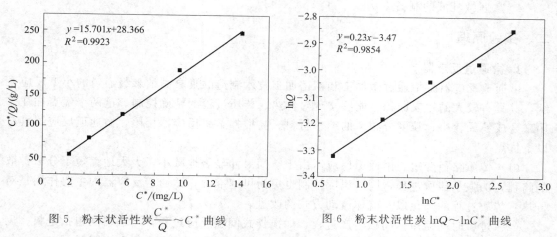

图 5 粉末状活性炭 $\dfrac{C^*}{Q} \sim C^*$ 曲线　　　　图 6 粉末状活性炭 $\ln Q \sim \ln C^*$ 曲线

由以上计算可知，采用 Langmuir 方程拟合的线性相关性与 Freundlich 吸附方程相近，所以可以确定粉末炭对亚甲基蓝吸附过程既符合 Langmuir 型又符合 Freundlich 型。由 $\dfrac{C^*}{Q} \sim C^*$ 直线可计算出粉末炭的饱和吸附量 $Q_m = 0.0637 \text{mg/g}$；由图 5 的直线截距 $\dfrac{1}{Q_m K_L} = 28.366$，求得 $K_L = 0.55$。

4. 测定恒压过滤常数 K、q_e 及压缩指数 s 和滤饼常数 k

详见第四章实验 4 板框过滤实验。

实验 2　微通道反应过程强化实验

微通道反应器又称为微反应器，是一种多通道微结构小型反应器，通道尺寸仅有亚微米和亚毫米级别。除此以外，微反应器的传热/传质特性优于传统化工设备 1～3 个数量级，具有传递性能好、混合时间短、可实现流体间的快速均匀混合等特点，特别适合高放热和快速反应的实验。微通道反应器为采用液相化学法制备纳米颗粒创造了极其理想的条件。目前微通道反应器已应用于有机、无机和生物等领域的研究。近几年来，微通道反应器的发展又进入新的领域——颗粒的合成。它已成功地用于合成半导体纳米粒子、纳米金属粒子和纳米聚合物等。研究表明，与常规合成方法相比，采用微反应器制备纳米颗粒操作简单，易于控制和放大，制得的纳米颗粒粒径小、粒径分布窄、纯度高，并可通过调节反应参数制备不同形状的纳米粒子。本实验以微通道反应器合成纳米氧化锌实验为例，说明微通道反应器在纳米粒子制备方面的应用。

一、实验目的

1. 了解微通道反应器结构。
2. 掌握采用微通道反应器连续制备纳米氧化锌的方法。
3. 考察反应条件对纳米氧化锌粒径大小的影响。
4. 掌握微乳液的制备方法。

二、实验原理

1. 微通道反应器

微通道反应器是指通过微加工和精密加工技术制造的具有微纳米级通道的小型反应系统，其具有较大的比表面积，能够实现对传热、传质过程的精确控制。这两个优点往往被用来合成粒径较小、粒度分布窄的纳米材料。与搅拌釜式反应器相比，微通道反应器具有以下优点。

（1）传质路径变短。微通道反应器由于空间尺寸显著地减小，大大地缩短了分子扩散的路程，加强了传质过程，同时温度控制也更为迅速准确。微通道反应器的主要作用是对传热、传质过程的强化以及流体流动方式的改进。

（2）过程时间缩短。间歇生产过程，如搅拌式间歇反应过程，过程时间包括进料、反应和出料时间。若用连续式微反应器代替间歇过程，就可以节省进料和出料时间，使单位时间和单位体积的反应器生产能力大大增强。

（3）比表面积增加。微通道直径可以控制到 0.1mm 以下，微通道内的液滴亦可以控制在 0.1mm 左右尺寸，对于该分散效果，通常的搅拌反应器是很难达到的。所以微通道内的分散效果好，比表面积增大，一般反应器很难达到。

（4）规整流动带来结构可控。如果在微通道内注入水、油两种液体，油滴会非常有规律地分散在水中，形成一种所谓的泰勒流，这种流动状态导致微通道内一段是水、一段是油。根据流体流动规律，只要微通道尺寸、加料速度确定，那么油滴的大小和间距就一定是确定的，整体流动非常有规律。

（5）安全性提高。在微通道内进行合成反应时，由于反应物总量少，传热快，因此，微通道反应器适用于强放热反应。

（6）产品性质提高。微通道反应器内，传递过程的强化可以有效地提高转化率、选择性等，如在高分子聚合反应中可以实现高聚物分子量均一。

2. 微乳液法

微乳液（microemulsion）通常是由表面活性剂、助表面活性剂、油相和水在适当的比例下自发形成的透明或半透明、低黏度且各相同性的热力学稳定体系。近年来，微乳液技术和微乳液理论的研究获得了迅速发展，利用微乳液体系作为纳米反应介质的研究已被应用于各类反应，如单分散纳米颗粒的合成、有机/无机纳米复合材料的制备。

共混法-融合反应机理：混合含有相同水油比的两种反相微乳液 E(A) 和 E(B)，两种胶束通过碰撞、融合、分离、重组等过程，使反应物 A、B 在胶束中互相交换、传递及混合。反应在胶束中进行，并成核、长大，最后得到纳米微粒。反应物的加入可分为连续和间歇两种。因为反应发生在混合过程中，所以反应由混合过程控制。

以 $A + B \longrightarrow C\downarrow + D$ 为模型反应，A、B 为溶于水的反应物质，C 为不溶于水的产物沉淀，D 为副产物。本实验的反应方程式为：

$$ZnSO_4 + 2NaOH \longrightarrow Zn(OH)_2 \downarrow + Na_2SO_4$$

3. 纳米氧化锌

纳米氧化锌（ZnO）是一种重要的多功能无机材料，粒径介于 $1 \sim 100nm$ 之间，在化学、材料、光电、催化等领域具有广阔的开发和应用前景。纳米氧化锌材料良好功能体现的前提是粒径小，颗粒分布均匀，分散性好。目前报道的合成纳米氧化锌的方法有很多，但都存在粒度过大、粒径分布不均匀、易团聚等问题，因此寻找一种能够精确控制粒径成核过程，从而合成出粒径小、分布窄的纳米氧化锌的方法是当今研究的热点。

本实验将微乳液与微通道反应器结合，通过微通道的强化传递优势，使得微乳液法制备纳米材料的反应时间缩短，产物粒径更小、粒度分布更窄，并且实现连续化生产。

三、实验装置与试剂

1. 试剂

十六烷基三甲基溴化铵（CTAB）、正丁醇、正丁烷、无水乙醇、丙酮、稀硝酸、硝酸锌、氢氧化钠。

2. 实验装置

微通道反应器可实现液液高效混合，可用于混合控制的传质过程和强放热反应，以大连理工大学开发的设备为例，其流程如图 1 所示。与微反应器配套的设备包括微量进料泵，恒温水浴及压力和温度测量、控制装置。

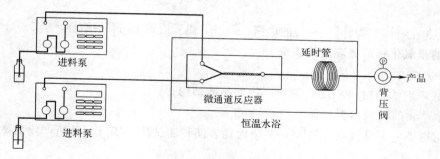

图 1　微通道反应实验流程

待混合的两股物料经微量进料泵输送至微通道反应（混合）器内，在微通道反应（混合）器内混合后进入延时管，微通道反应器和延时管均置于恒温水浴中，离开延时管的混合物（或反应产品）经背压阀流出得到混合产物。该装置可在常压下操作，也可加压操作，混合或反应温度可用恒温水浴控制。装置的核心部件是 CPMM-V1.2-R300 型微通道反应器。其结构示意图如图 2 所示。

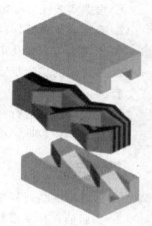

该装置也可用于其他混合控制的过程，如纳米氧化亚铜、离子液体的合成等，通过微通道强化过程的传质和传热。

四、实验方法与步骤

1. 实验前准备、检查工作

（1）实验前用无水乙醇润洗全系统。

图 2　CPMM-V1.2-R300 型微通道反应器结构示意图

（2）制备两份质量比相同的正丁醇/十六烷基三甲基溴化铵/正丁烷混合物，其中 m（正丁醇）：m（十六烷基三甲基溴化铵）：m（正丁烷）＝1：1.2：4.4，分别加入相同质量的 $Zn(NO_3)_2$ 溶液和 NaOH 溶液使其质量分数均为 15%，超声振荡，得到水相为锌盐溶液的微乳液 $M_1(Zn^{2+})$ 和水相为 NaOH 溶液的微乳液 $M_2(NaOH)$。

2. 实验开始

（1）设定反应器温控系统至所需温度，用两台计量泵分别输送水相为 $Zn(NO_3)_2$ 的 W/O 型微乳液 M_1 和水相为 NaOH 的 W/O 型微乳液 M_2，待系统平稳后，取产物用于分析测定。

（2）在反应物流量一定的条件下改变反应温度，重复以上操作。

（3）在反应物温度一定的条件下改变反应物的流量，重复以上操作。

（4）在反应温度和反应物流量一定的条件下改变系统压力，重复以上操作。

（5）在温度和流量一定的条件下改变微乳液水相的质量分数（保证在微乳区域），重复以上操作。

3. 实验结束

（1）实验结束后，先用稀硝酸清洗系统，再用无水乙醇润洗整个系统。

（2）将所得产物离心分离 10min，离心机转速 4000r/min。

（3）将所得白色 $Zn(OH)_2$ 分别用无水乙醇、丙酮洗涤 5 遍破乳，用去离子水洗涤 5 遍。

（4）将洗好的产物置于 130℃的烘箱，烘 3h，烘干后置于马弗炉焙烧，于 550℃焙烧 3h。

4. 纳米氧化锌的微观结构表征

（1）产物的晶体结构表征

选用 X 射线衍射（XRD）测定产物的晶体结构。

（2）产物的微观形貌表征

采用扫描电子显微镜（SEM）及吸附比表面积测试法（BET）分析产物的微观形貌。

五、实验要求

1. 根据实验任务拟定实验流程。
2. 确定合成条件，包括微乳液的制备条件、微反应器操作条件。
3. 拟定实验步骤及实验方法，经指导教师同意后开始实验。
4. 按拟定的实验步骤进行实验，获取必要的数据和产品后，经指导教师同意后，停止实验。
5. 对实验产品进行必要的表征。
6. 整理实验数据，撰写实验报告。

六、操作注意事项

1. 微乳液制备过程中，水相的滴加速率一定要慢。
2. 实验前，标定进料泵的流量。
3. 改变实验条件后，要待实验稳定后再取样品。
4. 后处理时，尽量保证每次操作条件一样，以减小操作误差。

七、实验结果与数据处理

1. 产物的晶体结构分析

利用获得的 XRD 数据进行物相分析，确定制得的样品是否为 ZnO，以及是否含有其他杂质成分。

2. 产物的微观形貌分析

在扫描电子显微镜下观察获得的 ZnO 样品的形貌，并测量单个 ZnO 纳米结构的尺寸，对比分析不同反应条件下获得 ZnO 样品的微观形貌和晶粒尺寸的差异；利用扫描电子显微镜附带的 EDX 能谱分析 ZnO 样品中的元素种类与含量；利用氮气吸附脱附测试测定 ZnO 样品的比表面积，分析不同反应条件下 ZnO 样品比表面积的差异。

八、思考题

1. 微通道反应器用于固体纳米颗粒制备时存在哪些问题？可采用哪些措施避免？
2. 与间歇釜式反应器相比，为什么微通道反应器合成的纳米颗粒粒径较小且粒度分布窄？
3. 微通道反应过程为什么有利于传热、传质？

实验 3 反应精馏实验

反应精馏是一项具有许多独特优点的高效耦合操作技术，是在特定的条件下，将化学反应和精馏分离两种操作结合起来，在一个设备中同时进行的耦合过程，能显著提高总体转化率，降低能耗。该耦合技术在酯化、醚化、酯交换、水解等化工生产中得到应用，且越来越显示其优越性。反应精馏过程中，当精馏将反应生成的产物或中间产物及时分离时，一方面可以提高产品的收率，另一方面又可同时利用反应热供产品分离，达到节能的目的。该过程必须同时满足两个条件：（1）对于反应，必须提供适宜的温度、压力、反应物的浓度分布及催化剂等；（2）对于精馏，要求生成物与反应物挥发能力存在足够大的差异。目前，在酯化、醚化、酯交换、水解、烷基化、异构化等化工生产过程中，反应精馏已得到了广泛的应用。

一、实验目的

1. 了解反应精馏的基本原理和与常规精馏之间的区别。
2. 了解反应精馏塔的结构和工艺流程。
3. 掌握反应精馏过程的操作及调节方法。
4. 学会分析塔内物料组成，能进行全塔物料衡算和塔操作的过程分析。

二、实验原理

反应精馏不同于一般精馏，它既有精馏过程中两相之间的物质传递现象，又同时有化学反应现象，两者在操作中同时存在，相互影响，使过程更加复杂。因而，反应精馏是反应与精馏的耦合。

本实验以乙酸和乙醇为原料，在一水硫酸氢钠催化剂作用下生成乙酸乙酯的可逆反应为例，说明反应精馏实验原理。反应的化学方程式为：

$$C_2H_5OH+CH_3COOH \underset{}{\overset{NaHSO_4 \cdot H_2O}{\rightleftharpoons}} CH_3COOC_2H_5+H_2O$$

该反应为可逆反应，在进料摩尔比为 1：1，且不分离产物的情况下，平衡转化率为66％。反应体系中存在乙醇、乙酸、水、乙酸乙酯四种组分，反应物和产物之间形成二元或三元恒沸物。

该反应体系的特点表现为同时存在多种沸点相近的共沸物。催化反应精馏过程中，塔顶产品为乙酸乙酯-乙醇-水三元混合物，乙酸乙酯和水可自动分相，但乙醇能与乙酸乙酯和水形成互溶物，乙醇与乙酸乙酯存在共沸，因此乙醇的存在会加大塔顶产品提纯难度且造成原料浪费。因此从工艺角度考虑，为方便进行塔顶产品后续提纯操作，乙醇需尽量反应完全，反应过程中采用乙酸过量的方式，同时为避免塔顶出现乙酸，乙酸进料不能过高。塔釜出料的乙酸可通过简单处理后进行循环使用，由于催化剂一水硫酸氢钠会部分溶于水且用量少，可不进行固液分离，直接循环利用。因此，从工艺分离角度考虑，本实验采用较高的酸醇比进料，且以乙醇转化率 η 为考察目标，计算公式如下：

$$\eta = \frac{(乙酸加料量+原釜内乙酸量)-(馏出物乙酸量+釜残液乙酸量)}{乙酸加料量+原釜内乙酸量} \times 100\%$$

实验的进料有两种方式：一种在塔的中间位置进料；另一种直接从塔釜进料。可以分别进行连续和间歇式操作。第一种以新型的一水硫酸氢钠为催化剂，采用将粉末状催化剂混合乙酸后在塔中间某处泵入，塔下部某处泵入乙醇，即连续流化催化精馏工艺。在沸腾状态下塔内轻组分逐渐向上移动，重组分向下移动。具体地说，乙酸混合粉末状催化剂从上段向下段移动，与从下段向塔上段移动的乙醇接触，在两个进料位置之间的填料上发生反应，生成乙酸乙酯和水，塔内此时存在四种组分。由于乙酸在气相中有缔合作用，除乙酸外，其他三个组分形成三元或二元共沸物。水-乙酸乙酯、水-乙醇共沸物的沸点较低，乙醇和乙酸乙酯能不断地从塔顶排出，即反应精馏塔的塔段也是反应器，节省了反应器设备。第二种是在塔釜加入含一水硫酸氢钠催化剂的乙酸与乙醇混合溶液，使反应首先在塔底进行，然后在精馏塔中进行精馏分离。本实验可根据具体情况，进行间歇或连续乙酸乙酯反应精馏实验。

三、实验装置

连续反应精馏流程如图 1 所示。反应精馏塔由双层玻璃制成，夹层抽真空且镀银。考虑到乙酸与乙酸乙酯、各共沸物的沸点相差较大，并且塔高受塔固定装备的限制，催化精馏塔不设提馏段。塔体分为两段，即精馏段与反应段，每段有效长度为 500mm，塔内径为 30mm，主体设备高约 2000mm，塔内填装规格为 10mm 玻璃拉西环填料。两段塔体通过玻璃变径连接，所有玻璃接口采用磨口处理，且涂抹真空硅脂确保塔的气密性，塔体外部采用聚氨酯材料进行保温。塔釜为三口烧瓶（500～2000mL），置于电加热套中，塔釜加热采取功率控制方式。乙酸与乙醇分别从塔中部和下部进料，中间为反应段，塔顶每隔一段时间进行采样分析，由于实验精馏塔生产能力小，因此采用小流量的蠕动泵控制进出料流量，乙酸进料与塔釜出料采用蠕动泵 BT100-2J，流量范围 0～25mL/min；乙醇进料采用蠕动泵 BQ50-1J，可用流量范围 0～6mL/min，均采用计算机测控系统进行串口控制。塔顶采用循环水冷却塔顶产品，塔顶冷凝液呈液滴状，因此采用配有自制电磁铁的回流比控制器，通过摆动式方法控制回流比。

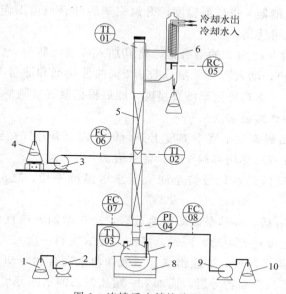

图 1　连续反应精馏流程图

1—乙醇进料罐；2、3—进料泵；4—乙酸及催化剂进料罐；5—塔身；6—塔顶冷凝器；
7—反应精馏釜（三口烧瓶）；8—电加热套；9—出料泵；10—出料收集罐

精馏塔测控系统共 3 个温度测点，即塔釜釜液、塔顶蒸气、塔中蒸气，1 个塔釜压力测点，另有塔釜电加热套、3 台蠕动泵、塔顶回流比共计 5 个仪器控制点，均通过一定外部硬件，由 LabVIEW 开发的测控系统控制其运行状态。具体测控点见图 2。

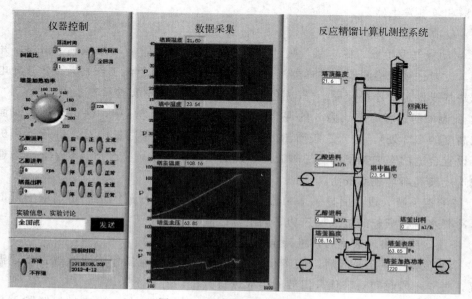

图 2　反应精馏测控系统界面

四、实验方法与步骤

（1）反应精馏实验连续操作

① 启动氢气发生器，确定氢气发生器与色谱各参数正常后，通氢气 20min，开启气相色谱，设置柱箱、检测器、进样器温度，升温完毕后开启色谱工作站，设置热导电流，待工作站基线稳定后才可使用。

② 配制酸醇进料摩尔比为 3 的混合液，将其加入塔釜烧瓶中，保持合适的液面（约位于烧瓶高度的 2/3 处），加入乙酸质量分数为 2% 的催化剂和适量沸石，打开计算机测控系统，设置合适功率，加热釜液至沸腾温度，此后根据蒸气量调整至适当功率，注意避免升温过快造成玻璃塔炸裂或液泛。

③ 待测控系统人机界面显示塔中温度上升，即塔内上升蒸气达到精馏塔中部时，缓缓打开冷凝水，塔釜釜液加热功率调至实验要求值。

④ 塔顶冷凝头出现液滴后，维持全回流至全塔温度平稳，之后按实验要求改变回流比。

⑤ 部分回流 10min 后，蠕动泵以低转速进料，缓慢增加转速直至达到实验要求转速值，保持塔顶温度不出现较大波动。同时，塔釜 10min 出料一次。

⑥ 采用气相色谱测量塔顶与塔底组成。釜液需冰水混合物冷却、真空抽滤脱除催化剂后才可测其组成。塔顶产品若分层，需加入一定质量乙醇消除分层，测量后需进行换算得到原组成数据。

⑦ 塔顶采出液、塔底釜液组成稳定后，30min 采样一次，测量塔顶采出液、釜液组成与质量，计算乙醇转化率，重复 3～4 次，求取平均值。

⑧ 数据采集结束后，停止进料，保持全回流 0.5h 后停止加热，待液体回到塔釜，塔顶温度降到接近室温，停止冷凝水。

⑨ 设置柱箱、检测器、进样器温度为 0℃，待检测器温度降至 100℃ 以下，依次关闭气相色谱和氢气发生器。

（2）反应精馏实验间歇操作

① 启动氢气发生器，确定氢气发生器与色谱各参数正常后，通氢气 20min，开启气相色谱，设置柱箱、检测器、进样器温度，升温完毕后开启色谱工作站，设置热导电流，待工作站基线稳定后才可使用。（气相色谱仪简明操作扫描本实验后二维码获取）

② 配制酸醇进料摩尔比为 3 的混合液，将其加入塔釜烧瓶中，保持合适的液面（高于烧瓶高度的 2/3 处），加入乙酸质量分数为 2% 的催化剂和适量沸石，打开计算机测控系统，设置合适功率加热釜液至沸腾温度，此后根据蒸气量调整至适当功率，注意避免升温过快造成玻璃塔炸裂或液泛。

③ 待测控系统人机界面显示塔中温度上升，即塔内上升蒸气达到精馏塔中部时，缓缓打开冷凝水，将塔釜的釜液加热功率调至合适值。

④ 塔顶冷凝头出现液滴后，维持全回流至全塔温度平稳。

⑤ 全回流稳定一定时间后，按实验计划调整为部分回流操作，注意观察塔顶温度变化情况，每隔一段时间对塔顶采出液的组成进行分析，塔釜不采出。

⑥ 气相色谱测量塔顶与塔底组成。釜液需冰水混合物冷却、真空抽滤脱除催化剂后

才可测其组成。塔顶产品若分层，需加入一定质量乙醇消除分层，测量后需进行换算得到原组成数据。

⑦ 塔顶采出液、塔底釜液组成稳定后，30min 采样一次，测量塔顶采出液、釜液组成与质量，计算乙醇转化率，重复 3～4 次，求取平均值。

⑧ 数据采集结束后，停止进料，保持全回流 20min 后停止加热，待液体回到塔釜，塔顶温度降到 20℃，停止冷凝水。

⑨ 设置柱箱、检测器、进样器温度为 0℃，待检测器温度降至 100℃ 以下，依次关闭气相色谱和氢气发生器。

⑩ 清洗各种玻璃仪器，结束全部实验。

五、实验要求

1. 实验前预习实验内容，包括熟悉实验目的、实验原理和实验装置，了解各仪表的使用方法和数据采集器；

2. 实验前完成实验预习报告，经指导老师审核同意后方可开始实验；

3. 按照实验操作规程要求和实验步骤进行实验，获取实验数据完整、准确。所有实验数据经指导老师审核同意后方可停止实验；

4. 注意实验安全、实验室卫生和课堂纪律，不得在实验期间大声喧哗、打闹，所有物品按要求摆放整齐；

5. 整理、分析、处理实验数据，撰写实验报告，实验报告每人一份。

六、操作注意事项

1. 蒸馏釜中液面保持在烧瓶高度的 1/2 以上。

2. 用固态调压器调节热功率时应缓慢增大或减小，防止设备损坏。

3. 注意观察塔顶、塔釜及各板温度变化。及时开启冷却水阀门，防止塔顶蒸气从冷凝器排出管喷出。

4. 取样前应对取样器和容器进行清洗。

5. 每个样品建议测三次，取其平均值。

6. 保持室内环境的稳定，关闭门窗，避免环境对测样数据的影响。

七、实验结果与数据处理

1. 实验原始数据记录

自行设计实验数据记录表格，可参考表 1 和表 2。

（1）反应精馏实验记录

表 1　反应精馏实验数据记录表

时间	位置	加热功率/W	温度/℃	馏出液质量/g

时间	位置	加热功率/W	温度/℃	馏出液质量/g

（2）反应精馏实验样品组成色谱分析结果

表 2　反应精馏实验样品组成色谱分析结果

时间	位置	次数	乙酸 （摩尔分数）	乙醇 （摩尔分数）	乙酸乙酯 （摩尔分数）	水 （摩尔分数）
		1				
		2				
		平均				
		1				
		2				
		平均				
		1				
		2				
		平均				
		1				
		2				

2. 实验数据处理及结果

浓度计算。已知各组分的质量校正因子 f_i：水为 0.549，乙醇为 1，乙酸乙酯为 1.109，乙酸为 1.225。

色谱分析采用面积归一法，各物质质量分数可通过下列公式进行计算：

$$\overline{\omega}_i = \frac{f_i A_i}{\sum f_i A_i}$$

式中，A_i 可分别为乙酸、水、乙酸乙酯和乙醇的峰面积，下标 i 分别为各组分。

通过色谱分析和计算可以得到各组分的质量分数；称量塔顶和塔底采出量，可以计算得到各组分的质量；质量除以各组分的摩尔质量，可以得到各组分的物质的量。基于上述所得参量，根据下式即可计算出乙醇的反应转化率 η（即收率）。

$$\eta = \frac{n_{\text{塔顶乙酸乙酯}} + n_{\text{塔釜乙酸乙酯}}}{n_{\text{塔顶乙酸乙酯}} + n_{\text{塔釜乙酸乙酯}} + n_{\text{塔顶乙醇}} + n_{\text{塔釜乙醇}}} \times 100\%$$

八、思考题

1. 如何提高酯化收率？
2. 不同回流比对产物分布影响如何？
3. 进料摩尔比应保持多少为最佳？
4. 讨论反应精馏的优点。

九、实验数据处理示例

实验数据记录及处理如下。

（1）按醇酸摩尔进料比配制混合液加入塔釜烧瓶中，加入乙酸质量分数为 $1\% \sim 2\%$ 的催化剂和适量沸石。实验实际醇、酸加入量如下。

乙醇 75mL，乙酸 250mL，加入 $1 \sim 2g$ 一水硫酸氢钠。

乙酸的质量：$M_{乙酸} = \rho_{乙酸} V_{乙酸} = 1.049 \times 250 = 262.25$（g）

乙醇的质量：$M_{乙醇} = \rho_{乙醇} V_{乙醇} = 0.7893 \times 75 = 59.20$（g）

取样：塔顶产物为 54.0g；塔釜产物为 25.0g。

（2）塔顶、塔底取样分析（气相色谱）（分析结果如表3）。

表3　塔顶、塔底样品色谱分析数据

回流比		1/3		
数据	峰		t/min	$A_i/\%$
塔顶	1	水	0.122	7.711
	2	乙醇	0.257	23.295
	3	乙酸乙酯	0.682	68.923
塔釜	1	水	0.171	45.017
	2	乙醇	0.376	10.857
	3	乙酸乙酯	0.803	42.874

注：进样量为 $0.5\mu\text{L}$。

（3）塔顶、塔釜产品各组分质量分数计算如下。

① 塔顶馏出物各组分质量分数

水的质量分数：

$$\overline{\omega}_i = \frac{f_i A_i}{\sum f_i A_i}$$

$$= \frac{7.711 \times 0.549}{7.711 \times 0.549 + 23.295 \times 1 + 68.923 \times 1.109}$$

$$\approx 0.041$$

乙醇的质量分数：

$$\overline{\omega}_i = \frac{f_i A_i}{\sum f_i A_i}$$

$$= \frac{23.295 \times 1}{7.711 \times 0.549 + 23.295 \times 1 + 68.923 \times 1.109}$$

$$\approx 0.224$$

乙酸乙酯的质量分数：

$$\overline{\omega}_i = \frac{f_i A_i}{\sum f_i A_i}$$

$$= \frac{68.923 \times 1.109}{7.711 \times 0.549 + 23.295 \times 1 + 68.923 \times 1.109}$$

$$\approx 0.735$$

② 塔釜的产品质量分数

水的质量分数：

$$\overline{\omega}_i = \frac{f_i A_i}{\sum f_i A_i}$$

$$= \frac{45.017 \times 0.549}{45.017 \times 0.549 + 10.857 \times 1 + 42.874 \times 1.109}$$

$$\approx 0.297$$

乙醇的质量分数：

$$\overline{\omega}_i = \frac{f_i A_i}{\sum f_i A_i}$$

$$= \frac{10.857 \times 1}{45.017 \times 0.549 + 10.857 \times 1 + 42.874 \times 1.109}$$

$$\approx 0.131$$

乙酸乙酯的质量分数：

$$\overline{\omega}_i = \frac{f_i A_i}{\sum f_i A_i}$$

$$= \frac{42.874 \times 1.109}{45.017 \times 0.549 + 10.857 \times 1 + 42.874 \times 1.109}$$

$$\approx 0.572$$

（4）转化率 η 计算如下。

物料衡算：

塔顶产品中　水：$54.00 \times 0.041 = 2.214$（g）

乙醇：$54.00 \times 0.224 = 12.096$（g）

乙酸乙酯：$54.00 \times 0.735 = 39.690$（g）

塔釜残液中　水：$25.00 \times 0.297 = 7.425$（g）

乙醇：$25.00 \times 0.131 = 3.275$（g）

乙酸乙酯：$25.00 \times 0.572 = 14.300$（g）

反应共生成乙酸乙酯：

$$39.690 + 14.300 = 53.990 \, (\text{g})$$

反应消耗乙酸：

$$\frac{53.99}{88.11} \times 60.05 = 36.796 \, (\text{g})$$

乙醇的转化率 η 计算：

$$\eta = \frac{n_{\text{塔顶乙酸乙酯}} + n_{\text{塔釜乙酸乙酯}}}{n_{\text{塔顶乙酸乙酯}} + n_{\text{塔釜乙酸乙酯}} + n_{\text{塔顶乙醇}} + n_{\text{塔釜乙醇}}} \times 100\%$$

故转化率 η 为：

$$\eta = \frac{39.690/88.11 + 14.300/88.11}{39.690/88.11 + 14.300/88.11 + 12.096/46.07 + 3.275/46.07}$$

$$\approx 64.7\%$$

乙酸乙酯反应体系组成及共沸物沸点

FULI9750T 型气相色谱仪简明操作规程

实验 4　水循环系统自组装实训

　　流体输送是化工生产中常见的单元操作，在许多领域中都有着广泛的应用。在化工生产中，常常需要将流体按照生产程序从一个设备输送到另一个设备，从低处输送到高处，或从低压装置送至高压装置，或沿管道送至较远的地方。为达到此目的，必须对流体加入外功，以克服流体阻力及补充输送流体时所不足的能量。"水循环系统自组装实训"实验是基于学生修完化工原理"流体流动和输送机械设备"单元操作之后进行的实训环节，是化工专业类学生实践教学的重要实训科目之一。通过该实训实验，使学生初步掌握化工生产中管道输送系统的安装与运行，提高学生的工程意识和动手能力。

一、实验目的

　　1. 学会管道的组装，掌握流体输送系统中管件、阀门的种类、规格和连接方法，能进行管线的拆除。

　　2. 准确识读流程图，学会根据设备布置图安装流体输送管路系统，能进行管线的试压（试漏）、开停车运行、检修、拆卸及部分设备的更换等。

　　3. 熟悉并掌握化工系统中管路和机泵等拆装常用工具的种类及使用方法，如呆扳手、梅花扳手和套筒扳手等。

　　4. 树立牢固的安全意识，遵守管路拆装过程中的安全规范。

　　5. 绘制阀门特性曲线。

二、实验原理

　　管路系统是由管、管件、阀门以及输送机械等组成的。当流体流经直管和管件时，为克服流动阻力而消耗能量。根据输送系统流程要求，将管件与直管管道连接起来，构成一个水循环输送系统，满足流体输送任务要求。同时要注意管道系统设计与安装要求，即尽量"少走弯路"、减少管线长度，以减少流体在输送系统中的阻力损失。

　　化工管路系统中最常见的连接方式有螺纹连接和法兰连接。

　　螺纹连接主要适用于镀锌焊接钢管的连接，它是通过管上的外螺纹和管件上的内螺纹拧在一起而实现的。螺纹连接时，一般要加聚四氟乙烯带等作为填料。另外，小管径管道的连接一般适合采用螺纹连接，大管径的管道一般选择法兰连接。

　　法兰连接是通过紧固螺栓、螺母和垫片压紧法兰中间的垫圈而使管道和阀门等连接起来的一种方法，具有强度高、密封性能好、适用范围广、拆卸安装方便的特点。通常情况下，采暖、煤气等中低压工业管道常采用非金属垫片，而在高温高压和化工管道上常使用金属垫片。

法兰连接时要注意以下要求：

① 安装前应对法兰、螺栓和垫片等进行外观、尺寸、材质等检查；

② 法兰与法兰对接连接时，密封面应保持平行；

③ 为便于安装和拆卸法兰，法兰平面距支架和墙面的距离不应小于 200mm；

④ 工作温度高于 100℃ 的管道，其螺栓应涂一层石墨粉和机油的调和物，以便日后拆卸；

⑤ 拧紧螺栓时应对称成十字交叉进行，以保障垫片各处受力均匀，拧紧后的螺栓露出丝扣的长度不应大于螺栓直径的一半，并应不小于 2mm；

⑥ 法兰连接好后，应进行试压，若发现渗漏，需要更换垫片；

⑦ 当法兰连接的管道需要封堵时，则采用法兰盖，法兰盖的类型、结构、尺寸及材料应和所配用的法兰相一致。

三、实验装置

水循环输送系统流程如图 1 所示。实验装置主要部件包括：泵、流量计、水槽、阀门、各种管件和电控部件等。通过改变泵的安装位置，如泵选择安装在控制阀前后、隔离阀前后及水槽出口等方式，该试验台可以组合出多种不同的水循环系统管路配置。系统主要部件见表 1。

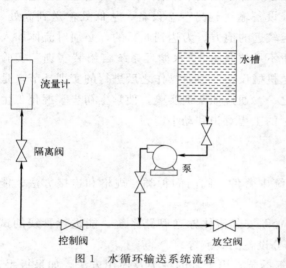

图 1　水循环输送系统流程

表 1　水循环输送系统主要组件

名称	附图	名称	附图
水槽		螺栓、螺母和垫圈	
		垫片	
		三通管	

名称	附图	名称	附图
流量计		直角弯头	
		控制阀	
泵		带直角弯头的放空阀	
7m 直管		8m 直管	
若干米直管			

　　实验中用到的拧转螺栓、螺母和其他螺纹紧固件的手工工具称为扳手。通常在扳手柄部的一端或两端制有夹持螺栓或螺母的开口或套孔。使用时沿螺纹旋转方向在柄部施加外力，利用杠杆原理就能拧转螺栓或螺母。扳手通常用碳素结构钢或合金结构钢制造。图 2 所示为常用的几种扳手类型。

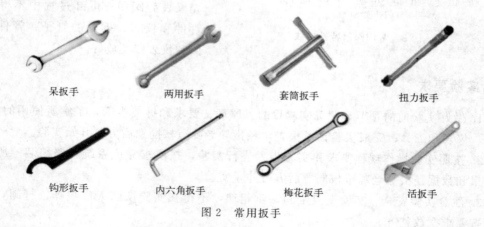

图 2　常用扳手

（1）呆扳手：一端或两端制有固定尺寸的开口，用以拧转一定尺寸的螺母或螺栓。

（2）两用扳手：一端与单头呆扳手相同，另一端与梅花扳手相同，两端拧转相同规格的螺栓或螺母。

（3）梅花扳手：两端具有六角孔或十二角孔的工作端，适用于工作空间狭小、不能使用普通扳手的场合。

（4）活扳手：开口宽度可在一定尺寸范围内进行调节，能拧转不同规格的螺栓或螺母。

（5）钩形扳手：又称月牙形扳手，用于拧转厚度受限制的扁螺母等。

（6）套筒扳手：它是由多个带六角孔或十二角孔的套筒并配有手柄、接杆等多种附件组成，特别适用于拧转地位十分狭小或凹陷很深处的螺栓或螺母。

（7）内六角扳手：成 L 形的六角棒状扳手，专用于拧转内六角螺钉。

（8）扭力扳手：它在拧转螺栓或螺母时，能显示出所施加的扭矩；或者当施加的扭矩到达规定值后，会发出光或声响信号。扭力扳手适用于对扭矩大小有明确规定的装配工作。

四、实验方法与步骤

1. 流体输送系统管路组装

按照选定的水循环系统管路配置进行管路安装。安装中要保证管路横平竖直；阀门安装前要将内部清理干净并关闭好，有方向性的阀门要与介质流向吻合，安装后的阀门手柄位置要便于操作。

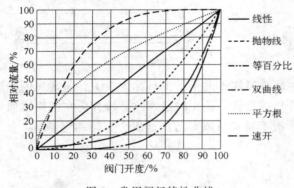

图 3　常用阀门特性曲线

2. 流体输送系统运行

安装完成后，运行系统。控制阀门开度调节流量，测量并绘制开度分别为 0、20%、40%、60%、80% 和全开的阀门特性曲线，与图 3 比较并进行评价。

3. 流体输送系统管路拆卸

按顺序进行，一般是从上到下，先仪表后阀门。拆卸过程中不得损坏管件和仪表。拆下的管子、管件、阀门和仪表归类放好。

五、实验要求

1. 做好实验前的预习，明确实验目的、原理、要求和拆装步骤，了解所使用的设备、仪器、仪表和工具；完成实验预习报告，经指导老师审核同意后方可开始实验。

2. 按照实验操作规程要求和实验步骤进行实验，按要求完成系统管路组装。所有实验结果和数据经指导老师审核同意后方可停止实验。

3. 注意实验安全、实验室卫生和课堂纪律，不得在实验期间大声喧哗、打闹，所有物品按要求摆放整齐。

4. 整理、分析、处理实验数据，撰写实验报告，根据实训结果及观察到的现象加以分析，给出结论，实验报告每人一份。

六、操作注意事项

1. 实验操作中，正确选择安装工具。法兰安装时要做到对正，不反口、不错口、不张口。实验中如果出现"跑冒滴漏"现象，应及时清理。

2. 安装和拆卸过程中注意安全防护，不出现安全事故。

3. 实验完成后，将各种部件、工具归位，依次排列，保持实训室井然有序的原貌。

七、实验结果与数据处理

1. 阀门开度由关到全开，均匀取 7～10 个开度，测量对应流量；

2. 绘制阀门特性曲线，如图 3 所示；

3. 根据阀门特性曲线，对阀门特性进行讨论。

八、思考题

1. 水循环系统安装完成后，如何试压（试漏）？

2. 管道的螺纹连接和法兰连接有什么区别？

3. 管道系统中常见的管件有哪些？

参 考 文 献

[1] 王志魁. 化工原理 [M]. 5版. 北京：化学工业出版社，2018.

[2] 谭天恩. 化工原理 [M]. 4版. 北京：化学工业出版社，2013.

[3] 陈敏恒，丛德滋，等. 化工原理 [M]. 5版. 北京：化学工业出版社，2020.

[4] 都健，王瑶，王刚. 化工原理实验 [M]. 北京：化学工业出版社，2017.

[5] 汤秀华，杨郭. 化工原理实验 [M]. 重庆：重庆大学出版社，2014.

[6] 张国平. 基础化学实验 [M]. 北京：化学工业出版社，2019.

[7] 孙金堂. 化工原理实验 [M]. 武汉：华中科技大学出版社，2011.

[8] 史贤林，张秋香. 化工原理实验 [M]. 上海：华东理工大学出版社，2015.

[9] 彭璟，马少玲，李林凤，等. 干燥实验数据处理与教学应用探讨 [J]. 实验技术与管理，2015，32
(5)：59-62.

[10] 李明，王瑶，张娜，等. 分离再结合型与内交叉指型微混合器微观混合性能实验研究 [J]. 大连
理工大学学报，2016，56 (5)：441-446.

[11] 李明月，肖武，都健，等. 基于 LabVIEW 的小型精馏塔测控系统开发 [J]. 实验室研究与探索，
2013，32 (4)：30-35.